周　期　表

10	11	12	13	14	15	16	17	18	族 / 周期
								2 He ヘリウム 4.003	1
			5 B ホウ素 10.81	6 C 炭素 12.01	7 N 窒素 14.01	8 O 酸素 16.00	9 F フッ素 19.00	10 Ne ネオン 20.18	2
			13 Al アルミニウム 26.98	14 Si ケイ素 28.09	15 P リン 30.97	16 S 硫黄 32.07	17 Cl 塩素 35.45	18 Ar アルゴン 39.95	3
28 Ni ニッケル 58.69	29 Cu 銅 63.55	30 Zn 亜鉛 65.38	31 Ga ガリウム 69.72	32 Ge ゲルマニウム 72.63	33 As ヒ素 74.92	34 Se セレン 78.97	35 Br 臭素 79.90	36 Kr クリプトン 83.80	4
46 Pd パラジウム 106.4	47 Ag 銀 107.9	48 Cd カドミウム 112.4	49 In インジウム 114.8	50 Sn スズ 118.7	51 Sb アンチモン 121.8	52 Te テルル 127.6	53 I ヨウ素 126.9	54 Xe キセノン 131.3	5
78 Pt 白金 195.1	79 Au 金 197.0	80 Hg 水銀 200.6	81 Tl タリウム 204.4	82 Pb 鉛 207.2	83 Bi* ビスマス 209.0	84 Po* ポロニウム (210)	85 At* アスタチン (210)	86 Rn* ラドン (222)	6
110 Ds* ダームスタチウム (281)	111 Rg* レントゲニウム (280)	112 Cn* コペルニシウム (285)	113 Nh* ニホニウム (278)	114 Fl* フレロビウム (289)	115 Mc* モスコビウム (289)	116 Lv* リバモリウム (293)	117 Ts* テネシン (293)	118 Og* オガネソン (294)	7

64 Gd ガドリニウム 157.3	65 Tb テルビウム 158.9	66 Dy ジスプロシウム 162.5	67 Ho ホルミウム 164.9	68 Er エルビウム 167.3	69 Tm ツリウム 168.9	70 Yb イッテルビウム 173.0	71 Lu ルテチウム 175.0
96 Cm* キュリウム (247)	97 Bk* バークリウム (247)	98 Cf* カリホルニウム (252)	99 Es* アインスタイニウム (252)	100 Fm* フェルミウム (257)	101 Md* メンデレビウム (258)	102 No* ノーベリウム (259)	103 Lr* ローレンシウム (262)

（注 3）5B（ホウ素），14Si（ケイ素）32Ge（ゲルマニウム），33As（ヒ素），51Sb（アンチモン），52Te（テルル）は，金属と非金属の中間の性質があり，半金属（メタロイド）と呼ばれる。

元　素　の

周期＼族	1	2	3	4	5	6	7	8	9
1	$_{1}$H 水素 1.008								
2	$_{3}$Li リチウム 6.94	$_{4}$Be ベリリウム 9.012							
3	$_{11}$Na ナトリウム 22.99	$_{12}$Mg マグネシウム 24.31							
4	$_{19}$K カリウム 39.10	$_{20}$Ca カルシウム 40.08	$_{21}$Sc スカンジウム 44.96	$_{22}$Ti チタン 47.87	$_{23}$V バナジウム 50.94	$_{24}$Cr クロム 52.00	$_{25}$Mn マンガン 54.94	$_{26}$Fe 鉄 55.85	$_{27}$Co コバルト 58.93
5	$_{37}$Rb ルビジウム 85.47	$_{38}$Sr ストロンチウム 87.62	$_{39}$Y イットリウム 88.91	$_{40}$Zr ジルコニウム 91.22	$_{41}$Nb ニオブ 92.91	$_{42}$Mo モリブデン 95.95	$_{43}$Tc* テクネチウム (99)	$_{44}$Ru ルテニウム 101.1	$_{45}$Rh ロジウム 102.9
6	$_{55}$Cs セシウム 132.9	$_{56}$Ba バリウム 137.3	57～71 ランタノイド	$_{72}$Hf ハフニウム 178.5	$_{73}$Ta タンタル 180.9	$_{74}$W タングステン 183.8	$_{75}$Re レニウム 186.2	$_{76}$Os オスミウム 190.2	$_{77}$Ir イリジウム 192.2
7	$_{87}$Fr* フランシウム (223)	$_{88}$Ra* ラジウム (226)	89～103 アクチノイド	$_{104}$Rf* ラザホージウム (267)	$_{105}$Db* ドブニウム (268)	$_{106}$Sg* シーボーギウム (271)	$_{107}$Bh* ボーリウム (272)	$_{108}$Hs* ハッシウム (277)	$_{109}$Mt* マイトネリウム (276)

原子番号 …… $_{1}$H …… 元素記号
元素名 …… 水素
原子量 …… 1.008

典型元素（非金属元素）
典型元素（金属元素）
遷移元素（金属元素）

57～71 ランタノイド	$_{57}$La ランタン 138.9	$_{58}$Ce セリウム 140.1	$_{59}$Pr プラセオジム 140.9	$_{60}$Nd ネオジム 144.2	$_{61}$Pm* プロメチウム (145)	$_{62}$Sm サマリウム 150.4	$_{63}$Eu ユウロピウム 152.0
89～103 アクチノイド	$_{89}$Ac* アクチニウム (227)	$_{90}$Th* トリウム 232.0	$_{91}$Pa* プロトアクチニウム 231.0	$_{92}$U* ウラン 238.0	$_{93}$Np* ネプツニウム (237)	$_{94}$Pu* プルトニウム (239)	$_{95}$Am* アメリシウム (243)

（注 1）本表の 4 桁の原子量は，IUPAC が承認した原子量に基づき，日本化学会の原子量専門委員会（2024）が実用上の便宜を考慮して決定した値である。なお，元素の原子量が確定できないものは一例の値を（ ）内に示した。
（注 2）＊印は，安定同位体が存在しない元素。

化学結合入門

大学の化学基礎

尾﨑　裕
橋本雅司　共著

三 共 出 版

まえがき

本書は，大学の化学やその関連分野を学んでいくための基礎を理解するための，化学結合を中心に解説した大学初年次用の教科書であり，10年前に出版された「わかる化学結合」を全面的に改稿・改題したものである。化学の分野が日々進歩していくなかで，大学の化学を勉強していくための基礎をしっかり理解することがますます重要になってきており，基本的な内容を充実させ，例題と練習問題も増やした。構成的にも応用的な内容を各章の後半に移し，スムーズに学習していけるようにした。

大学で化学を勉強し始めた学生からは，「高校までに勉強してきた内容とのつながりがわかりにくい」という声をよく聞く。これはある意味，高校までの化学を勉強するための基礎と，大学で化学の勉強をしていくための基礎に違いがあるため，しかたのないことである。高校までは代表的な物質の性質を知り，その性質を理解するための基礎としてどのように原子が結合しているかを学ぶ。しかし大学では有機EL材料などの最先端の物質の機能がどのようにして現れるかを学ぶため，化学結合がなぜ形成されるかを理解する必要がある。そのため例えば高校までは「光は波，電子は粒子」，とされているが，大学の化学の基礎となる量子力学によると，光や電子はどちらも粒子と波の両方の性質をもち，大学の化学ではむしろ「光は粒子，電子は波」，と考える必要がある。中学，高校，大学と化学の内容が高度になっていくにつれて，その基礎もより深くなっていくからである。高校の教科書が「化学基礎」と「化学」に分かれているのはこのためであろう。本書は高校の「化学基礎」を大学の化学向けにより深い内容まで掘り下げたものである。化学は中学→高校→大学と単純に高度になっていくのではないことを知っておいてほしい。今回の改訂では特に，このような点に注意して，できるだけ数式は使わず，大学の化学の基礎が理解できるようにした。

1章では高校で習う内容を中心にまとめた。よく知っている内容が多いかもしれないが，2章以下の大学での化学の基礎を理解するためにここでよく復習しておいてほしい。2章では大学の化学の基礎となる量子力学を，3章では量子力学を用いて原子の性質を説明している。できるだけ直感的に理解できるように，数式を用いた内容は2章2–4節，3章

3-4 節にまとめ，この部分は飛ばして読んでもよいようにした。4 章，5 章では化学結合によって原子からどのように分子が形成され，その性質が現れるかが述べられている。6 章では 2〜5 章で勉強した化学結合をもとに物質の性質がまとめられている。

大学の化学のもう 1 つの基礎となるのは熱エネルギーを扱う熱力学である。最近のエネルギー問題に関連して重要になってきているが，本書では詳しく取り上げていない。巻末に参考書を紹介するにとどめた。

学生諸君がつまずく点はできるだけ欄外に補足説明を加えた。また今回の改訂では例題などでしっかり理解しておくべきことを「確認」として欄外に示した。もちろん例題と練習問題については詳しい解答と説明を載せている。しっかり勉強して原子や分子の世界のイメージを作り上げ，基礎をよく理解して大学での化学の勉強を楽しんでいってほしい。
最後に，本書を出版するにあたり，三共出版の野口昌敬氏，佐々木理氏に大変お世話になりました。ここで改めて感謝申し上げます。

2024 年夏

著　者

目　次

1　物質と原子分子の世界

2　原子分子の世界の法則

3 周期表と電子配置

4 化学結合と分子の構造

5 化学結合の理論

6 化学結合と物質

1 物質と原子分子の世界

私たちの周りにはいろいろな物質が存在し，それぞれがいろいろな性質をもっている。あるものは電気を通すので電線として用いられ，燃えて熱を発生させるものは燃料として用いられる。食物は私たちが生きていくためのエネルギーのもとであるが，逆に毒物も存在して私たちの生命をおびやかす。このような物質をすべて細かくみていくと，原子や分子といった非常に小さな粒子からできていることがわかった。いろいろな物質の性質はこの原子や分子の性質から導かれる。現在はクォークなどもっと小さな構成部分についてもわかっているが，化学では基本的に原子とその構成要素である陽子，中性子，電子までを考えればよい。この章では物質を構成する元素と原子の構造を説明し，原子を理解するための強力な武器である周期表について説明していく。

1-1 物質の分類と原子

はじめに身の回りにある物質を原子や分子としてとらえるために，物質をどうとらえて分類していけばよいのかを考えてみよう。物質の分類方法は着眼点によってさまざまな方法が考えられる。たとえば，物理的な状態（固体，液体，気体）で分類することや物質の構成（単体，化合物，混合物）で分類することができるだろう。

気体－液体－固体の変化は，分子間の引力によるものであり，第 4 章で勉強する分子の極性と関係している。固体と液体の違いは原子配列の規則性の有無で，第 6 章で勉強するイオン結晶や金属の構造のように規則的に並んでいるものが固体である。

(1) 物質の状態

私たちが生活していくうえで，最も重要で身近な物質といえば，水があげられるだろう。水は，のどの渇きをいやすだけでなく生きていくために必須の“液体”であり，飲まない日はないだろう。また，夏の暑い日には，水を冷やし“固体”にした氷がほしくなる。逆に，寒い冬の日には，水を加熱し沸騰させたお湯でつくった温かい飲み物が欲しくなるだろう。お湯を沸かすときに，湯気を目にすることができる。加熱された水が“気体”となり蒸気として，大気中に拡散していくようすを見ることができる。

実際に気体の水を，肉眼で確認することはできない。実際に見えている白い湯気の部分は，水蒸気が周囲の空気で冷やされて水の粒に戻った液体をみていることになる。

このように，物質としてはすべて同じ水ではあるが，これから化学を学ぶ中で，各状態での性質を分子レベルで理解していくことができるだろう。これらの状態変化は，主に温度と圧力によって決まるが，その物質が，純粋な物質（純物質）なのか混合物なのかでも変わってくる。例えば，純粋な水（純水）と食塩を水に溶かした食塩水では，食塩水のほうがより低い温度にならないと凍らない。また，常温で，二酸化炭素は気体で存在し，鉄は固体であるように，同じ環境でも物質が異なればその物質の状態も異なる。

(2) 混合物と純物質

我々の周りのいろいろな物を見ていくと，まず気がつくことは，それが性質や働きの異なるいろいろな部分からできていることである。例えば1本の木を見てみると，それは幹が全体を支え，葉が光を浴びて栄養を作り，根が地中の水分や養分を吸い上げる。これらを小さな部分に分けてみていくとそれぞれ細胞というものの集まりであることがわかるが，その中にはまた細胞膜や核といった部分が含まれ，異なったものとしてそれぞれが役割をもっている。さらに細かく分けていくと，水やタンパク質などに分けられる。では水はそれ以上分けられるであろうか，水はそれを細かく分けてもどの部分も水であってすべて同じものである*。このように細かく分けてもすべて同じものからできている物質を**純物質**という。それに対して2種類以上の別のものの集まりである物質を**混合物**という。我々の周りの物質はほとんどのものが混合物である。

ここでいう「分ける」という操作は，例えば一部をカッターで切りだしたり，食塩水を加熱して水を蒸発させて塩が残るようにするような，後述する化学反応をともなわないような変化であり，このような変化を**物理変化**という。また，蒸発した水は，冷えると凝縮し液体に戻ることができる。このように物理変化はもとにもどせる（可逆的）な変化である。

* 水滴であっても極めて小さくしていくと性質が異なってくることがわかっている。このような小さくなっていくことによって現れる機能を利用した技術はナノテクノロジーと呼ばれ，最先端の機能性材料として，今さかんに研究されている。
（5章章末コラム参照）

普通，微量な不純物が混ざっていても，主としてある1種類の物質であれば「純物質」といわれる。検出できないほど微量であっても膨大な数の分子を含んでいる。章末問題9）をみてほしい。

例題 1-1　以下のものは純物質か混合物か

(a) 蒸留水
(b) 灯油
(c) 水酸化カルシウム溶液に少量の二酸化炭素を吹き込み，沈殿をろ過した溶液
(d) 硝酸銀水溶液に塩酸を混ぜて得られた沈殿を乾燥させた固体

解　答　すべての物質は微量の不純物を含んでいるが，ここでは微量の不純物は無視する。

(a) 純物質
(b) 灯油は沸点が150～300℃のいろいろな炭化水素の混合物
(c) 水酸化カルシウムを含む混合物

(d) 固体は塩化銀 AgCl であり純物質

(3) 単体と化合物

ところが例えば水が突然現れることもある。気体である水素を燃やすと，それまで全く存在しなかった水が新たに発生する。これは水素が空気中の酸素と化学反応して水になったのである。化学反応を含む変化を**化学変化**という。水が発生する一方で，それまで存在した水素が燃焼でなくなり，このように化学変化によれば新たな物質を発生させたり消滅させたりすることができる。

水は物理変化ではどのようにしても異なる 2 種類以上のものにわけられなかったが，上の水素と酸素の化学反応の逆の反応を，電気を用いて行うと，水素と酸素に戻すことができる（電気分解という）。このように水は化学変化を用いると 2 種類の物質，水素と酸素，に分けることができる。

しかし，水素と酸素はどのような化学変化を用いてももうこれ以上は分けることができない。このような物質を**単体**という。それ以外の純物質は水のように 2 種類以上の単体に分けられ，これらを**化合物**という。化合物を単体に分けたとき，それぞれの単体の重量は決まった比率になる。これは，化合物の化学式は，いくつかの原子が整数比で結合してできているためである。 ここでも水を例として反応式を考えると水分子からは，水素分子 H_2，酸素分子 O_2 が 2：1 の関係になっており，水分子中の原子の比率と同じになる。水の生成と水の分解を化学式で表現すると下記のようになる。化学反応式では，反応にかかわる原料物質（反応物）を左辺に，右辺には生成する物質（生成物）に書いて示す。

水の生成　$2H_2 + O_2 \rightarrow 2H_2O$

水の分解　$2H_2O \rightarrow 2H_2 + O_2$

化学反応式では，新しい原子の組み合わせができるが，新たに別の原子が生まれることはないので，→の左辺と右辺の元素の原子数は等しくなる。そのため，**質量保存の法則**がなりたつ。

(4) 元素と原子

単体の構造を調べていくと，それぞれすべて同じ小さな粒子，原子，からできていることがわかった。水素は水素原子から，酸素は酸素原子からできており，この原子の種類を**元素**といい，我々の世界には 110 種類ほどの元素しかないことがわかった。それぞれの元素には元素名と元素記号が，水素H，酸素Oのように決められている。単体は同じ元素の原子が数個結合した分子，例えばO_2やH_2，が集まったものであることもあり，ナトリウム，Na，のように原子がそのまま多数集まったものもある。酸素O_2とオゾンO_3のように，同じ元素Oであっても結合する数が違った別の分子を形成して，単体としては異なった物質が存在する場合もある。これを**同素体**という。同素体が存在する理由は，原子の結合様式の多様性に由来する。結合様式の多様性ついては，第4章で詳しく学ぶ。

化合物は異なる元素の原子が決まった比率で集まって物質を形成しているものである。例えば水は酸素原子1個と水素原子2個が結合して水分子H_2O，を形成しているので，原子数の比率はどの水もHとOが2：1である。水素と酸素から水が生成するには原子の組み換えが必要であり，これが化学反応である。逆に，原子の組み換えがおきない限り水は酸素と水素に分かれない。

以上の物質の分類を図1-1にまとめた。

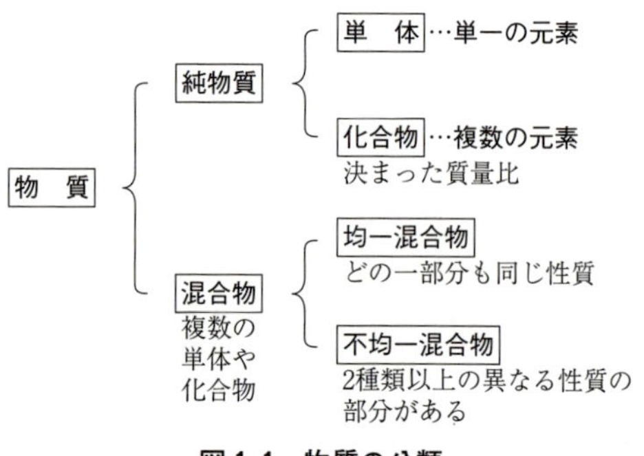

図1-1　物質の分類

(5) 均一混合物と不均一混合物

混合物の場合には均一と不均一という区別が重要になってくる。

均一とは，例えば砂糖水のような場合で，このような溶液では砂糖の分子が水分子の中にばらばらに存在している。かなり小さな一部分（ただし砂糖分子1個の大きさまで小さくしてはいけない）を取り出しても，水と砂糖の比率は同じになり，その結果，どの部分の性質も同じになる。このような物質を**均一混合物**という。一方，小麦粉と水を混ぜて十分かき混ぜると一見どこも同じように見えるが，小さな小麦粉の粒子が水の中に混ざって存在するような状態であり，小麦粉の部分と水の部分は性質が異なる。このような混合物が**不均一混合物**である。室内空気中には多くの微粒子（ちり）が存在する。このような空気も気体の部分と微粒子の部分で性質が異なるので不均一混合物である。ちりを取り除いた空気をクリーンエアーというが，窒素や酸素の分子が混ざっているので，クリーンエアーは均一混合物である。

1-2 原子の構成要素 ―陽子，中性子，電子

それぞれの物質は，110 種類ほどの元素の原子がいろいろな組み合わせで集まってできている。原子はさらにいくつかのより小さな粒子，**陽子**，**中性子**および**電子**からできていることがわかった*。詳しい原子の構造は 2 章以下で説明していくが，ここでは，陽子と中性子が何個か集まって**原子核**を形成し，原子核の周りに電子がいる，と考えておく。この 3 種類の粒子の性質として重要な質量と**電荷**を表 1-1 にまとめた。

* これ以外にもいろいろな素粒子が存在することがわかっているが，化学ではこの 3 種類だけ知っていれば十分である。

表 1-1 陽子，中性子，電子の性質

	質 量	電 荷
陽 子	1.672621×10^{-27} kg（1.00000）	1.602176×10^{-19} C（+1）
中性子	1.674927×10^{-27} kg（1.00138）	0 C（ 0）
電 子	9.109382×10^{-31} kg（0.00054）	$-1.602176 \times 10^{-19}$ C（−1）

表 1-1 では陽子の質量を 1 として比較したが，1-4 で説明する（8 頁参照）原子質量単位 u を使うと，

陽子	1.007276 u
中性子	1.008665 u
電子	0.0005486 u

となる。

元素ごとに原子が異なっているのは，原子核中の陽子の数が異なっているためであることがわかった。陽子数が 1 個の原子が水素 H，2 個のものがヘリウム He，3 個のものがリチウム Li，・・・と元素と陽子数は 1：1 に対応している。この陽子の数を**原子番号**といい，原子番号には記号 Z が用いられる。

中性子は，陽子の数つまり各元素に対して許される数が決まっている。1 つの元素に対して何通りかの中性子の個数が許されることも多く，同じ元素で中性子数が異なるものを**同位体**という。例えば，水素 H（陽子数 1）に対しては中性子数が 0 個と 1 個のものがあり，0 個のものが普通の水素原子である。自然界の水素原子の 99.99% がこの水素である。中性子数が 1 個のものは**重水素**と呼ばれ，自然界に 0.01% ほど存在している。自然界に存在して安定なものを**安定同位体**という。中性子 2 個のものもあるが，不安定な原子であり放射線を出してなくなっていく。このように不安定な同位体を**放射性同位体**という。陽子数が 7 個の窒素 N には中性子数が 7 個と 8 個の安定同位体が，それぞれ 99.64% と 0.36% の割合で自然界に存在している。これに加えて中性子数が 5，6，9，10 個の場合には放射性同位体となる。中性子数が陽子数よりやや多いときに安定同位体となり，安定同位体よりも中性子数が少し多すぎた

陽子 1 個と中性子 1 個の重水素（Deuterium）は記号 D で，陽子 1 個と中性子 2 個の三重水素（Tritium）は記号 T で表すこともある。

り少なすぎたりする場合に放射性同位体となるが，放射性同位体よりも多すぎたり少なすぎたりする中性子数は許されない。

電子数は原子では陽子数と等しい。これは表 1-1 のように陽子の電荷を＋1 とすると電子の電荷は－1 であり，普通の原子では電荷の合計が 0 となって電気的に中性になっているからである。電子数が陽子数と異なっているものが**イオン**である。陽イオンは原子から電子が何個かとり除かれたものであり，たとえば Ca^{2+} は陽子数 20 個に対し，電子数は 18 個で Ca の原子より 2 個少ない。また陰イオン Cl^{-} は，陽子数と電子数が 17 個の Cl 原子に電子が 1 個付加したもので，電子数は 18 個となる。

陽子 1 個のもつ電荷を**電気素量**といい，記号 e で表す。電子は $-e$ の電荷をもち，e は電気量の最小単位である。1 mol の陽子の電気量が**ファラディー定数** $F=96500$ C である。

表 1－1 にあるように，陽子と中性子の質量はほぼ等しく，電子の質量は無視できるほど小さい。このように陽子と中性子の数で質量がほぼ決まるので陽子と中性子の数の合計を**質量数**（記号は A）という。同位体を記号で表すときにはこの質量数を用いて

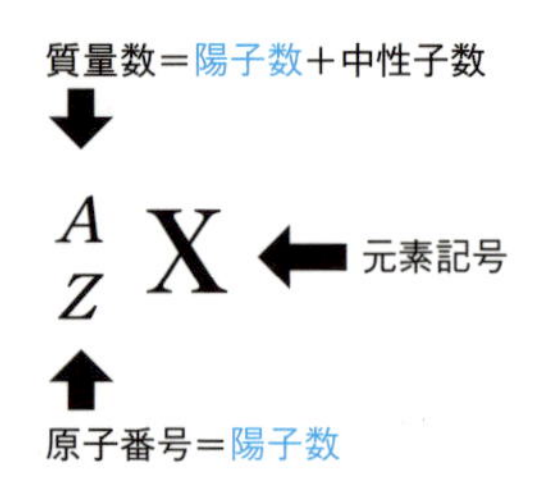

のように記し，このように中性子数まで示したものを**核種**という。X は元素記号であり，元素が決まれば原子番号 Z つまり陽子数が決まるので Z はふつう省略される。同位体の中性子数は $A-Z$ である。

^{12}C：炭素の同位体の中で最も一般的で，地球上に存在する炭素の約 98.9% を占める。
^{13}C：地球上に存在する炭素の約 1.1% を占める。有機分子の構造決定（^{13}C-NMR 法という）に利用される。
^{14}C：大気中の窒素が宇宙線によって変換されて生成される。比較的長い半減期（5370 年）をもつため，生物学的および地質学的な年代測定に使用される。

これら以外にも，より重い同位体（例えば ^{15}C や ^{16}C）が存在するが，これらは非常に不安定で短命である。実験室で生成されることはあっても，自然界ではほとんど見られない。

たとえば，自然界に存在する炭素の同位体は，質量数が，12，13，14 の 3 つである。これらを上記の表記で示すと

$$^{12}_{6}\mathrm{C} \quad ^{13}_{6}\mathrm{C} \quad ^{14}_{6}\mathrm{C}$$

のようになる。

例題 1-2 **^{41}K 原子，^{127}I^{-} イオン中の陽子数，中性子数，電子数はいくらか。また，陽子数 42 個，中性子数 56 個，電子数 39 個の原子またはイオンを記号で示せ。**

解　答 ^{41}K 原子の陽子数は原子番号と等しく 19。中性子数は質量数 41 から陽子数 19 を引いて 22。原子の電子数は陽子数と等しく 19。

確認 原子番号，陽子数，質量数，中性子数の関係について理解しよう。また，陽イオン，陰イオンとなるときの電子数について理解しよう。

$^{127}I^-$イオンの陽子数は原子番号と等しく53。中性子数は質量数127から陽子数53を引いて74。1価の陰イオンだから電子数は陽子数より1個多く54。

原子番号42の元素はモリブデンMo，質量数は陽子数42に中性子数56を加えて98，電子数39は陽子数42より3個少ないので3価の陽イオンである。記号は$^{98}Mo^{3+}$。

1-3 電荷とクーロン力

陽子はプラスの電荷をもっており，電子はマイナスの電荷をもっている。プラスとプラス，マイナスとマイナスの電荷が近付くと互いに反発し，プラスとマイナスの電荷は引き合う力が働く。これを**クーロン力**という。ちょうど磁石のN極とS極の間に働く力と似ている。この電荷の間に働くクーロン力と磁石の力を合せて**電磁気力**というが，この力だけが原子や分子を考えるときに重要な働きをする。特に，陽子と電子の間に働くクーロン力が電子を原子核に引きつけて原子を形成するもとになっている。また後の章でみるように化学結合によって分子を形成するときなどにもこのクーロン力が働いている。距離rだけ離れた電荷qの粒子と電荷q'の粒子の間に働く**クーロン力F**は

$$F = 8.98755 \times 10^9\ \mathrm{Nm^2C^{-2}} \frac{q \times q'}{r^2} \tag{1-1}$$

である。陽子と陽子，電子と電子は反発し，陽子と電子は引き合う。中性子は電荷が0なのでクーロン力は働かない。

原子の中のクーロン力の強さはポテンシャルエネルギーで表されることが多く，原子番号Zの原子核から距離r（m）だけ離れた場所に電子が存在するときのエネルギーUは

$$U = -2.30708 \times 10^{-28}\ \mathrm{J} \times \frac{Z}{r} \tag{1-2}$$

となる。ここでエネルギーの基準は$r=\infty$で$U=0$としている。

水素以外の原子の原子核中には複数の陽子が存在して互いに反発しているが，このために原子核が壊れることはない。原子核中の陽子や中性子には**核力**というまた別の力が働いて原子核を形成している。化学では核力についてはそれで原子核が形成されることだけを知っていればよい。もう1つ異なる力として地球の重力に代表される**万有引力**があるが，こ

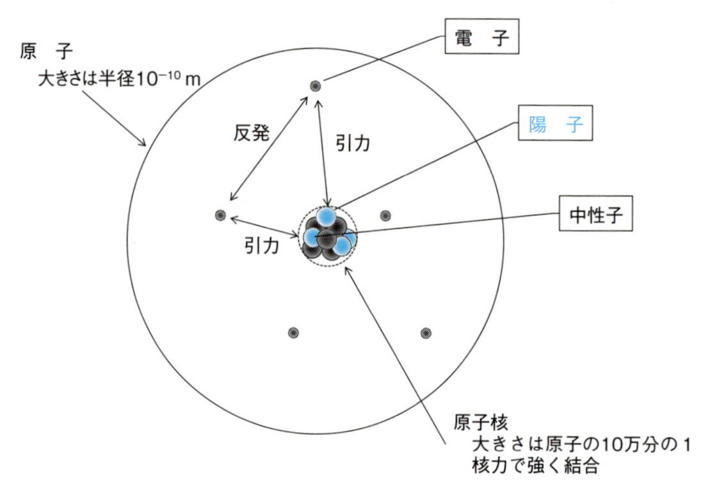

図 1-2　原子の中の粒子

れも原子や分子の世界では無視できるほど小さい（例題 1-3 解答参照）。図 1-2 に原子のイメージと働く力を示した。

例題 1-3　**原子の大きさは 10^{-10} m 程度である。10^{-10} m 離れた陽子と電子の間に働くクーロン力を計算せよ。**

解　答　表 1-1 の電荷と与えられた距離を式（1-1）に代入する。

$$F = 8.99\times10^{9}\,\mathrm{N\,m^2\,C^{-2}}\times(1.60\times10^{-19}\,\mathrm{C})\times(-1.60\times10^{-19}\,\mathrm{C})/(10^{-10}\,\mathrm{m})^2$$
$$= -2.30\times10^{-8}\,\mathrm{N}$$

なお，距離 10^{-10} m で陽子と電子の間に働く万有引力は 1.0×10^{-47} N，陽子に働く地球の重力は 1.6×10^{-26} N であり，桁違いに小さい。

1-4　アボガドロ定数と原子量

(1) アボガドロ定数

表 1-1 から，原子の質量はとてつもなく小さいことがわかる。我々が扱う試料は g 単位であるので，このような小さな値を毎回計算に用いるのは不便である。鉛筆 12 本を 1 ダースとまとめるのと同じように，原子や分子のある数をまとめて考えると取扱いが簡単になる。このようなことから，**アボガドロ数** 6.02214076×10^{23} が用いられ，これは炭素の同位体 ^{12}C の質量がちょうど 12 g になる原子数である。アボガドロ数個の原子や分子の量を 1 mol という。mol は，g や m などと同じく物理量の単位であり，原子や分子，イオンなどの数を表す単位であり**物質量**とよぶ。計算では**アボガドロ定数** $N_A = 6.02214076\times10^{23}\,\mathrm{mol^{-1}}$ として $\mathrm{mol^{-1}}$ の単位をつけておくとうまく単位の計算ができる。ただ，単位に

molが入っているときには何が1 mol存在するのかということにいつも注意している必要がある。原子1個の質量を考えなければならないこともある。このような場合に便利なように，1 molで1 gになる**原子質量単位**1 uも定義されている。

$$
\begin{aligned}
1\,\mathrm{u} &= \frac{1\,\mathrm{g\,mol^{-1}}}{N_A} = \frac{1\,\mathrm{g\,mol^{-1}}}{6.02214076^{23}\,\mathrm{mol^{-1}}} \\
&= 1.660539066 \times 10^{-27}\,\mathrm{kg}
\end{aligned}
\tag{1-3}
$$

である。

例題 1-4　(a)　アルミニウム原子1個の質量は何kgか。
(b)　フッ化アルミニウム（化学式 AlF_3）5.00 molの中には何個の中性子が存在するか。周期表の原子量を用いて答えよ。ただしAlもFも安定な核種は1種類だけである。

解　答

(a)　アルミニウムAlの原子量は27.0だから，

$27.0 \times 1.66 \times 10^{-27}\,\mathrm{kg} = 4.48 \times 10^{-26}\,\mathrm{kg}$　あるいは

$27.0\,\mathrm{g\,mol^{-1}} \div 6.02 \times 10^{23}\,\mathrm{mol^{-1}} = 4.48 \times 10^{-23}\,\mathrm{g}$
$= 4.48 \times 10^{-26}\,\mathrm{kg}$

(b)　安定な核種が1種類なら質量数は原子量とほとんど同じ。原子量から ^{19}F と ^{27}Al が存在する核種である。AlF_3 のAl原子1個とF原子3個中には中性子は $3 \times (19-9) + (27-13) = 44$ 個存在する。5 molでは，$44 \times 5\,\mathrm{mol} \times 6.02 \times 10^{23}\,\mathrm{mol^{-1}} = 1.32 \times 10^{26}$ 個存在する。

(2) 原子量

表1-1から，原子の質量は陽子と中性子の数でほぼ決まることがわかる。しかしある単体の物質の質量を考えたとき困るのが同位体の存在である。2章以下で勉強していくとわかるように，ある原子を同位体で置き換えても化学的性質はほとんど同じである。このことは，同位体が存在する元素の単体には必ず同位体が一定比率混ざっていることになる。この同位体の混ざっている比率を**同位体存在比**といい，原子1 molの質量を考えるときには，この同位体の質量と同位体存在比を用いた平均の質量で考える必要がある。これを**原子量**という。現在の技術ではそれぞれの核種の質量はかなり精密に測定できるが，同位体存在比は，場所による違いなどによって，核種の質量に比べて正確な値を求めるのが難しい*。原子量の誤差は同位体存在比の誤差によることが多い。

* 例えば例題1-5の，^{24}Mg は，23.98504170 uの質量と78.99%の存在比をもつことがわかっている。

確認 各同位体の質量，存在比と原子量の関係を理解しよう。

例題 1-5 Mg は自然界に 3 つの同位体が ^{24}Mg 79.0%，^{25}Mg 10.0%，^{26}Mg 11.0% の割合で存在し，^{24}Mg の質量は 23.985 u，^{25}Mg の質量は 24.986 u，^{26}Mg の質量は 25.983 u である。Mg の原子量を求めよ。

解答

質量に存在割合をかけて合計すればよい。

^{24}Mg 　$23.985\ u \times 0.790 = 18.9\ u$

^{25}Mg 　$24.986\ u \times 0.100 = 2.50\ u$

^{26}Mg 　$25.983\ u \times 0.110 = 2.86\ u$

合計は　$18.9\ u + 2.50\ u + 2.86\ u = 24.3\ u$ となり，原子量は 24.3。

例題 1-5 の解答の有効数字は正確ではない。付録の「有効数字」を参照。

物質量（mol）は，原子や分子の数の単位であり，モル質量は，1 mol あたりの質量をあらわす。
2 つの値は化学を学ぶ中で極めて重要な値であり定義を理解しておいてほしい。

つぎに，O_2 や，O_3 のような，いくつかの決まった数の原子で構成される分子や，AlF_3 のような複数の元素からなる化合物の場合を考えてみよう。これらの分子を扱う場合は，化学式中のすべての原子の原子量の総和を式量または**分子量**として扱う。例えば O_2 の分子質量は，$16.00\ u \times 2 = 32.00\ u$ となり，式量または分子量は 32.00 となる。また，O_2 分子 1 モルの質量を $32.00\ g\ mol^{-1}$ で表すことができ，これを**モル質量**と呼ぶ。

O_2 は，常温・常圧で気体であるので，1 mol が 32.00 g といわれてもピンとこないかもしれない。真空の容器に酸素を封入することで O_2 分子の質量を秤ることもできる。気体分子は，分子量にかかわらず，常温・常圧で体積が 22.4 L で 1 mol になる。

化学を学ぶとき，原子・分子のサイズの感覚を持ってほしい。

(3) 原子の大きさ

歴史的には原子の大きさからアボガドロ数が求められたが，ここでおおよその原子や分子の大きさをアボガドロ数から計算する方法を説明しておく。例として水を考えてみよう。水を水分子が縦横高さ方向に規則正しく並んだ立方体で考え，一辺の分子数を 10^8 個とする。全個数は縦横高さをかけ算して，$10^8 \times 10^8 \times 10^8 = 10^{24}$ であり，これは $10^{24} \div (6 \times 10^{23}\ mol^{-1}) = 1.7\ mol$ である。水 1 mol は水素と酸素の原子量から $18\ g\ mol^{-1}$ であるから，1.7 mol は約 30 g である。水の密度は $1\ g\ cm^{-3}$ だからこれは $30\ cm^3$ になるが，これを $27\ cm^3$ とすると一辺 3 cm の立方体の体積になる。結局辺の長さ 3 cm に 10^8 個の水分子が並んでいることになるので，分子 1 個では $3 \times 10^{-8}\ cm = 3 \times 10^{-10}\ m$ となり，原子の大きさもこの程度になることがわかる。詳しい原子の大きさについては 3 章で述べる。

1-5 溶液の濃度

混合物の代表的なものである溶液の**濃度**は化学において最も重要なもののひとつである。ここで濃度をどのように考えていけばよいか説明する。濃度を考えるとき，基礎になるのは**物質の量**である。そこでまず物質の量について考えてみよう。

化学で物質の量を示すのに用いられる代表的なものは3つあり，それは**質量**，**体積**，**物質量**（mol 数）である。このうち，質量と物質量は一度決まれば温度や圧力などの条件で変化することはないが，体積は温度や圧力で変化する。ここでは温度や圧力は室温，1気圧に保たれているものとして体積変化は無視する。

体積も変化しないものとすると物質の量は上の3つのどれかが決まれば決まるので，他の2つも決まってくる。まず純物質では質量と物質量の関係は化学式量で決まる。関係は

$$（質量）=（化学式量）\times（物質量） \tag{1-4}$$

となる。溶液などでは各成分の質量を求め，合計すればよい。体積と質量の関係は**密度**で決まる。

$$(密度) = \frac{(質量)}{(体積)} \tag{1-5}$$

例えば物質量がわかっていれば，式（1-4）で質量を求め，密度を使って式（1-5）から体積が求められる。固体と液体の密度は，質量（g），体積（cm^3）とし，密度の単位は $g\ cm^{-3}$ で用いられる。また気体では，体積にリットル（L）を用いた，$g\ L^{-1}$ が用いられることもある。

体積には温度変化や圧力変化以外もう1つ注意すべき点がある。それは例えば 50.0 cm^3 の水と 50.0 cm^3 のメタノールを混ぜたときに 100.0 cm^3 ではなく 97.5 cm^3 程度になることであり，足し算できないことである。質量や物質量ではこのようなことはなく，必ず足し算になる。

次に，ある物質（溶質という）が別の液体（溶媒という）に溶けている溶液の溶質の**濃度**は例外的なものを除いて

$$(濃度) = \frac{(溶質の量)}{(溶液全体の量)} \tag{1-6}$$

体積が足し算できないことは，溶液では密度が簡単に計算できないことを示している。溶液の密度は必ず調べて実測値を用いなければならない。

原子核の質量は単純に陽子と中性子の個数×質量の合計にはならない。これは相対性理論で説明されるが，化学では核化学を除いて質量は足し算できると考えていてよい。

		溶質の量		
		質量	体積	物質量
全体の量	質量	○	×	×
	体積	×	△	○
	物質量	×	×	△

図a：濃度の表し方

百分の1の%や百万分の1のppmは単位ではない。%は単に0.01を表すものであって例えば20%＝20×0.01＝0.20となり，m（ミリ）やn（ナノ）の接頭語に近い。

となるが，やっかいなことに量の表し方が3通りあるので，濃度は欄外の図aのように3×3＝9通りの表し方があることになる。

ただ実際にはこのうち限られたものしか使われない。よく使われるものが「○」，どきどき現れるものが「△」，ほとんど使われないものが「×」で示されている。○と△のそれぞれを説明すると

環境関連では汚染物質濃度がよくppmで表される。

1 ppm＝0.0001%

であるが，大気環境では体積パーセント濃度，水環境では質量パーセント濃度であり，表し方が異なっている。

・溶質－質量，全体－質量

重量パーセント濃度で普通溶液の濃度に使われる。比率なので単位はなく%を用いて書かれること多い。

・溶質－体積，全体－体積

体積パーセント濃度で普通気体の濃度で使われる。比率なので単位はなく%を用いて書かれること多い。気体では下記のモル分率と同じになる。

・溶質－物質量，全体－体積

モル濃度といわれ，化学で試薬の濃度によく使われる。単位はmol/L（Mと略されることもある）。

・溶質－物質量，全体－物質量

モル分率と言われ，比率なので単位はない。

上記の重量パーセントで表しても，mol/Lで表しても，溶液の濃度は決まっているので，例えば重量パーセント濃度が与えられたとき，mol/Lに換算できなければならない。このときの計算方法は，まず全体の質量（決まっていなければ例えば1 kgと仮定する）から，溶質の質量を求める。次に全体の量は密度を用いて質量から体積（L）に変換し，溶質の量は化学式量を用いて物質量（mol）に変換し，最後に割り算（式（1-6））をする。

1-6 周　期　表

密度は，温度と圧力に依存するため，通常は，密度の値に対して温度を併記してある。圧力は特に記載がない限り1気圧と考えてよいだろう。

それぞれの元素の性質には，その元素の原子1 molの質量（これは原子量にgの単位をつけたものになる），金属の場合には原子1 molの体積，室温1気圧での単体の状態が固体，液体，気体のどれであるか，単体の密度，単体の融点（固体から液体になる温度）と沸点（液体から気体になる温度）などの物理的性質がある。また，単体が金属か分子か，他の原子とどのような化合物を作るか，などの化学的性質がある。元素

の基本的性質の間の関係，例えば質量と体積と密度，原子量や分子量と質量，はしっかり理解しておいてほしい。

確認 質量，密度，モル質量について理解しよう。

例題 1-6 金属アルミニウムの密度は 2.70 g cm^{-3} であり，塩化アルミニウムを気体にすると分子 1 個の質量は 4.44×10^{-25} kg である。

(a) 金属アルミニウム 5.00 mol の体積は何 cm^3 か。

(b) 気体塩化アルミニウムの分子量はいくらか。

(c) 塩化アルミニウムを気体にしたときの分子式を示せ。

解 答

(a) アルミニウム 5.00 mol は

$$27.0\ \mathrm{g\ mol^{-1}}\times5.00\ \mathrm{mol}=135\ \mathrm{g}$$

密度は質量／体積だから，体積は質量／密度から

$$135\ \mathrm{g}\div2.70\ \mathrm{g\ cm^{-3}}=50.0\ \mathrm{cm^3}$$

(b) 分子 1 個が $4.44\times10^{-25}\ \mathrm{kg}=4.44\times10^{-22}\ \mathrm{g}$ だからアボガドロ数倍して

$$4.44\times10^{-22}\ \mathrm{g}\times6.02\times10^{23}\ \mathrm{mol^{-1}}=267\ \mathrm{g\ mol^{-1}}$$

固体の組成式 $AlCl_3$ から計算してはならない。分子量は 267。

(c) 塩化アルミニウムについて，分子量が 267 となる Al と Cl の個数の組み合わせを探す。267 を越えない範囲ですべて探すと Al_2Cl_6 が 267 と一致し，Al_6Cl_3 は 268.5 とやや大きい。Al_2Cl_6 であることがわかる。

メンデレエフは上で述べたようないろいろな性質をもつ元素を原子番号の順にみていくと，周期的に似た性質をもつ元素が現れることを発見し，うまく並べることにより性質の近い元素が近くに集まった表を作り上げた。現在はメンデレエフが作成したものを少し改良したものが用いられている。これが表見返しに示した**周期表**である。

周期表では左から右へ原子番号が増えてゆき，右端にくると次の行に移る。この行は**周期**と呼ばれ，上から第 1 周期，第 2 周期，・・・となる。一方，縦の列は**族**と呼ばれ，左から 1 族，2 族，・・・となり，18 族で終わる。周期表には間が空いているところがあるが，これが重要であり，この配置はしっかり覚えておいてほしい。なぜこのような配置によって性質の近い元素が近くに集まるかは，3 章で説明する。

周期表を用いて元素の性質をみてみよう。まずホウ素 B，ケイ素 Si，ゲルマニウム Ge，ヒ素 As，アンチモン Sb，テルル Te の位置を確認してほしい。これらの元素は金属と非金属の中間の性質をもつ元素であり**半金属**（**メタロイド**）と呼ばれる。これらの元素から左下の元素は水素を除いてすべて**金属**である。つまりこれらの元素の原子だけを集めると塊になって金属の性質を示す。水素と半金属（メタロイド）の右上にある元素が**非金属**であり，これらの元素の原子を集めると何個かの原子が結合して分子を形成する。例えば窒素は原子 2 個が分子 N_2 を形成し

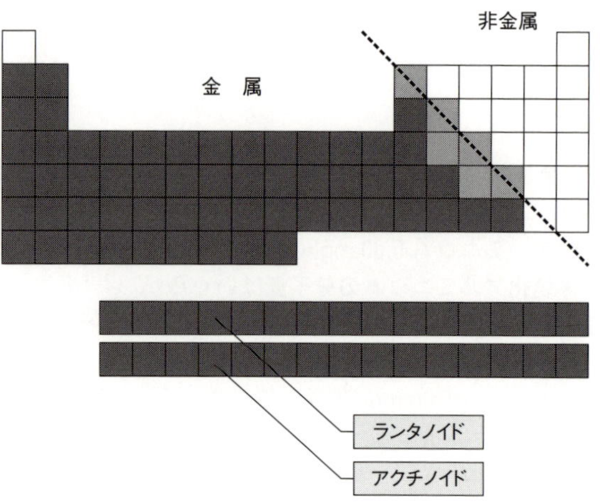

図 1-3　周期表と元素の分類　金属と非金属

て気体となる。ヨウ素も原子 2 個が分子 I_2 を形成するが，I_2 分子は分子間で互いに引き合うことにより集まって固体となる。しかし，固体であってもその中には分子 I_2 単位で存在していて，金属ではない。もちろん電気も通さない。炭素 C も集まって固体のグラファイト（黒鉛，石墨）やダイヤモンドを形成するが，金属とは集まり方が異なっている。非金属には水素，炭素，酸素，窒素など我々のよく知っている重要な元素が多いので，たくさんあるように思っているかもしれないが，数としては 20 種類ほどしかない。元素はほとんどが金属である（図 1-3）。

金属は，金属光沢，延性・展性，導電性をもつのが特徴である。

第 4 周期になって初めて現れる，3 族〜12 族の元素は**遷移元素**と呼ばれる。それに対して 1，2 族，13 族〜18 族は**典型元素**と呼ばれる（図 1-4）。12 族は典型元素に近い性質をもっているので典型元素とする分類もある。遷移元素はすべて金属であり，遷移金属とも呼ばれる。下の表外に書かれている 2 種類の元素群は上がランタノイド，下がアクチノイ

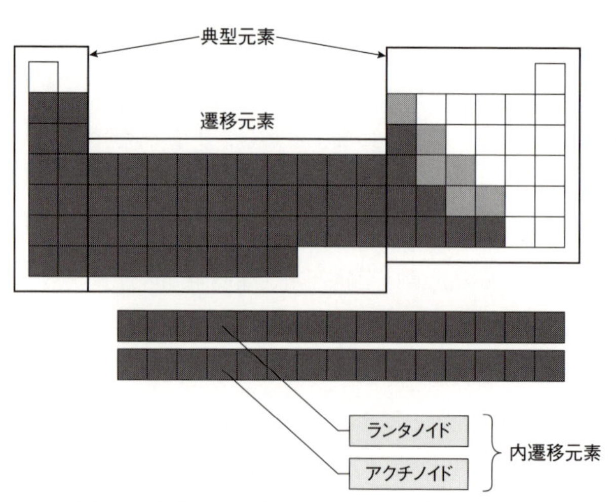

図 1-4　周期表と元素の分類　典型元素と遷移元素

ドと呼ばれ，まとめて**内遷移元素**である。これは本来なら2族と3族の間に描かれるべきものであり，そのように描かれた周期表がより正確な周期表であるが，普通は見やすいように内遷移元素を外にまとめた表見返しのような周期表が用いられる。

典型元素と遷移元素ではかなり性質の現れ方が異なっている。それぞれの性質をもう少し詳しくみてみよう。

(1) 典型元素

典型元素では族ごとに性質がかなり異なっている。18族の元素は希ガス（貴ガス）と呼ばれ，原子1個で分子となる単原子分子として存在し，無色の気体である。ほとんど他の元素と反応することがないため不活性ガスとも呼ばれ，反応しないことを利用して充塡ガスとして用いられたりする。17族の元素は**ハロゲン**である。単体はF_2のようにすべて2原子で分子を形成し，室温ではF_2，Cl_2が気体，Br_2は液体，I_2は固体である。原子も分子も同じ名前，例えばFもF_2も「フッ素」，と呼ばれるので注意してほしい。Cl^-のようにハロゲンは一価の陰イオンになる。希ガスもハロゲンも周期表で下にいくほど沸点も融点も高くなる。つまり集まりやすくなる。これは分子の間に働く引力が下にいくほど大きくなるからである。16族はカルコゲンともいわれるが，酸素Oは原子2個で酸素分子O_2，3個でオゾンO_3を形成し，気体である。硫黄Sの代表的な単体は原子8個のリング状の分子S_8であるがもっと大きな分子もある。Se以下の単体は金属に近くなる。15族の窒素Nは原子2個で窒素分子N_2を形成し，気体であるが，リンPの代表的な単体は原子4個が正四面体の頂点に位置する白リンP_4であり，もっと大きな赤リンなどもある。ヒ素As以下は半金属（メタロイド）を経て金属になっていく。14族の炭素は全体が1分子とも考えられるダイヤモンドやグラファイトが単体とされてきたが，C_{60}に代表されるフラーレンやカーボンナノチューブが発見されて単体に加わった。また，2000年代に入ってからグラファイトを1層だけ取り出したグラフェンと呼ばれる炭素材料が注目されており，カーボンナノチューブと同様に炭素の単体として数えることができる。ケイ素Si以下は半金属（メタロイド）を経て金属になっていく。13族のホウ素Bはすでに半金属（メタロイド）であり単体は金属に近く，アルミニウムAlははっきりと金属の性質を示すようになる。このように17族～13族の単体は周期表の下にいくにつれて，2原子分子 → 多原子分子 → 半金属固体 → 金属，と変化してゆくが，族が小さくなるほど全体的に変化は後ろの段階になってくる。

金属の典型元素のうち，1族は水素を除き，**アルカリ金属**と呼ばれる。

これは水酸化ナトリウム NaOH に代表されるように水と反応して強いアルカリ性を示すからである。単体は金属であるが，水との反応性が高いために油の中に保管されている。金属は通常みかけることはなく，1族の元素は Li^{+} や Na^{+} のように一価の陽イオンとなり，塩化ナトリウム NaCl のような塩として存在している。土中に存在して水に溶けると強いアルカリ性を示す2族は**アルカリ土類**とも言われ，Ca^{2+} のように二価の陽イオンで存在している。単体は金属であり反応性は極めて高いが，マグネシウム Mg のように燃やしてフラッシュに利用される金属として空気中に存在できるものもある。

以上のように典型元素は族によって性質がかなりはっきりしている。

(2) 遷移元素

典型元素と比べると遷移元素は族による性質の違いが小さい。単体は金属であり，典型元素の金属がアルミニウム Al やマグネシウム Mg など一部のもの以外は空気中で不安定であるのに比べて，鉄 Fe や銅 Cu のように我々の身の周りに存在してよく知っている金属が多い。性質は典型元素より複雑であり，すべて陽イオンになるが，例えば Fe^{2+} と Fe^{3+} のように2種類以上の陽イオンが存在するものが多い。これらの理由は3章で説明するが，微妙な性質の違いよって思いがけない働きをするものが多く，触媒などいろいろなところで利用されている。特に内遷移元素のランタノイドの La〜Lu にスカンジウム Sc とイットリウム Y を加えたグループを**希土類**といい，先端技術でよく利用されている。

以上のように元素のさまざまな性質を理解していくために周期表はたいへん役に立つものである。以下の章ではなぜ周期表が表見返しのようになるのかを説明していくが，しっかりと元素の配置を覚えて元素の性質を勉強していく強力な武器としてほしい。

コラム　「知っている」ということ

以前に大学で化学を学び始める学生に，基礎知識を確認する目的で，ハロゲンの元素を書かせたことがあった。そのときフッ素，塩素，臭素，ヨウ素ときて最後に，実は予想外に，「アスタチン At」と書いた学生がかなりいた。不勉強で恥ずかしいことに，私はアスタチンが頭に入っていなくて，思わず周期表で確認した。

大変よく勉強しているので感心したが，実用上はあまり必要のない知識である。ヨウ素まではごく普通に実験室に化合物があるものだが，アスタチンは，専門に研究しているごく少数の研究者以外，普通目にすることさえない。実際にある物質を研究などで使う場合に知っていないといけないことは，教科書などに書いてあることと違う点もある。

ある物質を使おうとする場合，「爆発性」と「毒性」は必ず知っていなければならない。取扱いは毒物のほうが容易で，密閉容器に入れたり，手などにつけないようにすればよい（口にするのは問題外。例えNaClでも実験室にあるものは口にしてはならない）。しかし，爆発物は爆発する条件が予想しにくにので，さらに注意が必要である。

爆発性や毒性に問題がなく，実験で使おうとすると次は，・・・「値段」である。希ガスも学生がよく知っているものであるが，値段をきくとよくわかっていない。Heの風船をよく見かけるためかHeと答える学生が多いが，希ガスで最も安いのは大気中に1%も含まれているArである。気体は1気圧にしたときの体積で値段が決まり，容積47 Lの一般的なボンベに150気圧で充塡された7000 Lのものが，Arは1万円以下であり，ほぼ充塡や運搬の費用である。次に安いのがHeで，これはアメリカに地下からHeが湧き出てくる井戸があり7000 Lで2〜3万円である。初めてこの話を聞いたときに，やはり日本は資源のない国だなと思った覚えがある。あとはNe，Kr，Xeの順に高くなる。Xeは50 Lで15万円ほどで，価格の変動もかなりある。

他にも取り扱い方など，教科書にはあまり書かれていないが，使うときには「知っている」べきことがあることを覚えておいてほしい。

章末問題

1) 以下の原子やイオンの中の陽子数，中性子数，電子数はいくらか。

(a) ^{129}Xe原子　(b) ^{186}W原子　(c) $^{57}Fe^{3+}$イオン　(d) $^{81}Br^{-}$イオン

2) 以下の原子またはイオンの記号を示せ。

(a)　陽子数37個，中性子数48個，電子数36個

(b)　陽子数56個，中性子数80個，電子数54個

3) クーロン力によるエネルギーと原子核のエネルギーを比較するため，原子の大きさである10^{-10} m離れた場所に陽子と電子が存在するときのエネルギーと，原子核の大きさである10^{-15} m離れた場所に陽子2個が存在するときのエネルギーを求めて比較せよ。

4) クロロホルム（分子式$CHCl_3$）は室温で液体であり，密度は1.49 g cm^{-3}である。

(a)　クロロホルム分子1個の質量は何kgか。

(b)　クロロホルム500 cm^{3}は何molか。

(c)　クロロホルム500 cm^{3}の中には何個の陽子が存在するか。

5) エタノール（C_2H_5OH）は室温で密度0.785 g cm^{-3}の液体である。

(a)　エタノール4.00 molの体積は何cm^{3}か。

(b)　エタノール4.00 mol中に存在する電子は何個か。

6) Ag（原子量107.868）には自然界に2つの同位体^{107}Agと^{109}Agが存在し，^{107}Agの質量は106.905u，^{109}Agの質量は108.905 uである。自然界での^{107}Agの存在割合は何%か。

7) Ga（原子量69.7）は自然界に2つの同位体が存在し，そのうち^{69}Gaは68.926 uの質量をもち，存在比は60.1%である。もう1つの同位体の質量

をu単位で示せ。

8) 原子量の表をみると有効数字が10桁ほどのものと，4桁しかないものがあり，元素によって精度が大きく異なる。理由を説明せよ。

9) 2000年の昔，クレオパトラがため息をついた。このため息に含まれていた分子はその後そのまま大気中に広がっていったとすると，現在目の前の空気1L中にため息の分子はおよそ何個含まれることになるか。必要な数値は調べるか仮定して計算をしてみよ。

10) フッ化アルミニウム（化学式 AlF_3）は室温で固体であり，1 mol の体積は $27.4 cm^3$ である。

(a)　フッ化アルミニウムの密度は何 $g\ cm^{-3}$ か。

(b)　フッ化アルミニウム 2.50 kg の体積は何 cm^3 か。

2 原子分子の世界の法則

1 章で述べた「物質はすべて原子からできている」という事実は現代化学を理解するための基礎であるが，化学物質の性質を理解するために，次に知らなければならないのは原子の性質である。原子を構成してその性質を決めているものは，たった 3 種類の粒子（陽子，中性子，電子）である。このため原子の性質は一見簡単に見える。

ところが，電子などの極めて小さな粒子は我々が普通に想像する大きさの粒子，例えばボールなどとは全く異なった物理法則に従うことがわかった。この法則が**量子力学**であり，量子力学は私たちの普通の経験からは全く予想できないものであった。この章では量子力学の基礎を勉強していくが，我々の想像を絶する世界であるので，頭を柔らかくして原子や電子のイメージを作りあげてほしい。

3 種類の主要な粒子
（陽子，中性子，電子）
↓
自然界に存在する 90 種類の元素
↓
我々の世界

2-1 光の波と光の粒子—光子

量子力学のスタートは電子などの粒子の研究からではなく，1900 年の**プランク**の光の性質についての新たな発見からはじまった。そこで，最初に光について，量子力学以前の考え方と，その後に明らかになった性質を説明する。

量子力学はたいへんわかりにくいものであるが，あまり気にしないで先に進んでほしい。繰り返し勉強していくうちに少しずつ理解できるようになってくる。

(1) 波としての光

1900 年以前には光は波であると考えられていた。例えば水面の波を横からみたときの断面を模式図にすると図 2-1 のようになり，波はその性質として，**波長**（山と山の長さ）と**振幅**（山の高さ）と**速度**（波の移動していく速さ），という 3 つの重要な性質をもつことを覚えておいてほしい。

このうち光の性質を決めるものは**波長**（通常ギリシャ文字のラムダ λ が用いられる）だけである。後で詳しく説明するが，振幅は光では考える必要はなく，速度もすべて**光速**（$3.00 \times 10^{10}\ \mathrm{ms^{-1}}$）に決まっている。私たちの目に見える光の波長範囲は $\lambda = 400 \sim 700$ nm（$0.4 \sim 0.7\ \mu$m,

電磁波では波長（あるいは後で述べる振動数）だけが重要である。振幅や速度は考えなくてよい。

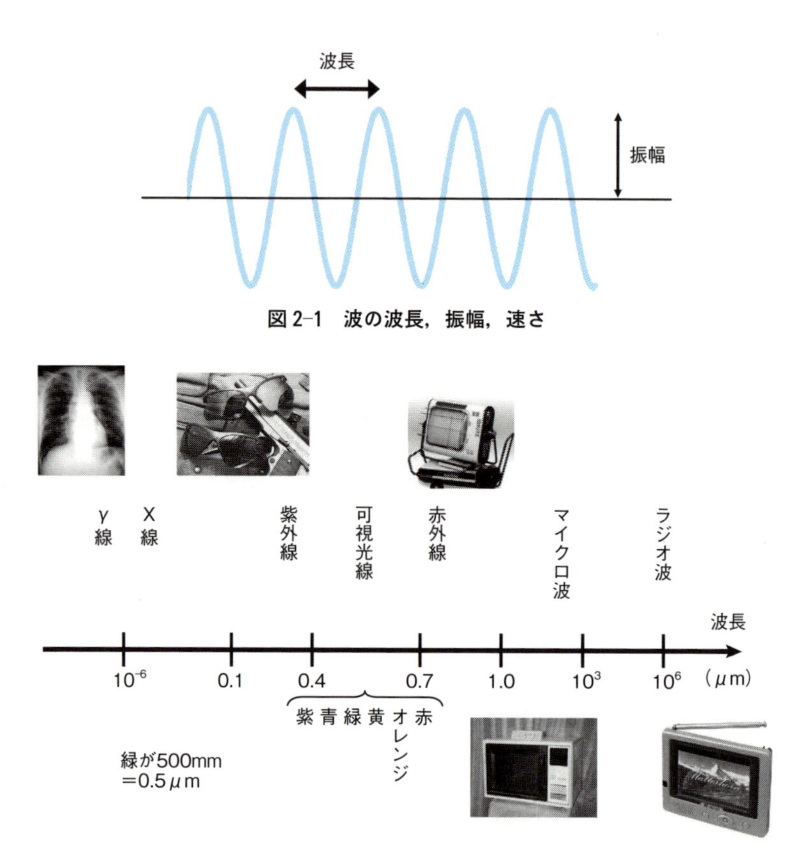

図 2-1　波の波長，振幅，速さ

図 2-2　電磁波の波長と種類

光速は真空中では 3.00×10^8 ms^{-1} であるが物質中では屈折率で割った速度になる。このとき下で述べる振動数は変化しないが波長が屈折率分の 1 になる。

電波と電磁波を混同しないように注意してほしい。電波は図 2-2 でラジオ波と示されている電磁波でありテレビ放送や通信に用いられる，波長が m 程度以上の長いもの表す。

1 nm＝10^{-3} μm＝10^{-9} m）であり，この波長によって光の色が決まっている。**可視光**の波長は覚えておいてほしい。400 nm は紫色の光であり，700 nm は赤色である。波長 500 nm がほぼ緑色に対応していることを覚えておくとよい。700 nm の赤色よりも波長の長い光が目に見えない**赤外光**（赤外線ともいうが同じものである）であり，400 nm の紫色よりも波長の短い光が**紫外光**（紫外線）である。

電波や健康診断に使われる X 線も実は光の仲間であり，単に波長が異なるだけである。これらを総称して**電磁波**という。図 2-2 に電磁波の波長による種類の違いをまとめた。

例 題 2-1 **以下の波長の電磁波の種類は何か。**

(a) 250 nm (b) 600 nm (c) 2.5 μm

解 答

(a) 紫外光 250 nm＝0.25 μm は図 2-2 の可視光 0.4〜0.7 μm（400〜700 nm）より少し短波長だから

(b) 可視光 600 nm＝0.6 μm は可視光 0.4〜0.7 μm の範囲内だから

(c) 赤外光 2.5 μm は可視光 0.4〜0.7 μm より少し長波長だから

確認 可視光の波長範囲は 0.4〜0.7 μm（400〜700 nm），赤が長波長，紫が短波長。
1 μm＝10^{-6} m，1 nm＝10^{-9} m。

プリズムを通すと光は波長毎に分かれて 7 色に見える。このように光を分けて，横軸を波長，それぞれの波長毎の光の強さを縦軸にしてグラフにしたものを**スペクトル**といい，いろいろな電磁波のスペクトルを調べる分野を分光学という。分光学は原子の世界を知る強力な武器として発展してきた。スペクトルの例はあとでいくつもでてくるが，現代化学ではいろいろなスペクトルが分析化学や分子の構造を調べるのに用いられている。

波長の代わりに**振動数**も使われる。振動数は**周波数**ともいい，波が通過していくことによってある場所で 1 秒間におきる振動の回数である。記号には普通ギリシャ文字のニュー ν が用いられる。電磁波は 1 秒間に光速 c だけ進むので振動数は c の長さの中にある波の数である。単位は s^{-1} でありこれは電波では Hz（ヘルツ）と書かれる。関係式は，

$$\nu = c/\lambda \tag{2-1}$$

となる。

化学では特に赤外光を表すのに**波数**（記号 $\tilde{\nu}$）が用いられる。$\tilde{\nu}$ はある長さの中にある波の数である。普通この長さには 1 cm が用いられるので，波長を cm 単位にして逆数を計算すればよい。記号は $\tilde{\nu}$ が用いられ，単位は cm^{-1} になる。

$$\tilde{\nu} = 1/\lambda$$

この式の両辺に hc を掛けると下の式（2-2）から光子のエネルギーになる。

このように電磁波の振動数は波長が決まれば決まるものであるため，表し方の違いだけであって，性質としてはひとつのものである。

例 題 2-2 **波長 12 cm の電磁波の振動数を示せ。**

解 答 $\nu = c/\lambda = 3\times10^8 ms^{-1}/12$ cm

$= 3\times10^8 ms^{-1}/12\times10^{-2}$m

$= 0.25\times10^{10}s^{-1} = 2.5\times10^9 s^{-1}$

$=$ 2.5 GHz

これは電子レンジの加熱に使われるマイクロ波である。G（ギガ）は 10^9 を表す接頭語であり，ハードディスクの 500 Gbyte などで使われるものと同じものである。付録の p 117 の接頭語は覚えておくこと。

確認 波長から振動数，振動数から波長の計算はできるか。

確認 接頭語の付いた単位の計算はできるか。

(2) 光 子

このように波であると考えられていた光が 1900 年以降，違う一面を

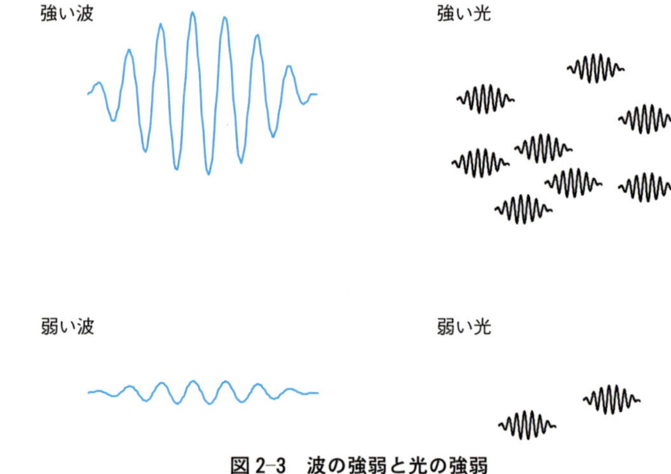

図 2-3　波の強弱と光の強弱

もつことがわかった。簡単に言うと，光は小さな粒（**光子**という）が飛んできているとも考えられることがわかった。

プランクは黒体輻射の理論（章末コラム参照）から，光は図 2-3 の右側に示したように小さな波（光子）の集まりであり，1 個の光子がもつエネルギー E は振動数だけで決まり，

$$E = h\nu \tag{2-2}$$

となることを示した。ここで h は**プランク定数**と呼ばれるもので，光速 c と並んで我々の世界の性質を決めている重要な定数で，6.63×10^{-34} Js の値をもつ。光の波の振幅には意味がなく，図 2-3 の小さな波はまるで 1 つの粒子のようにふるまい。2 つに割れたり，2 つがくっついたりしないことがわかった。

身近な例として日焼けを考えてみよう。日焼けは光によって皮膚が傷む，つまり皮膚を構成している物質が壊される現象なので，強い光を当てればそれだけ傷みが大きいことが予想される。しかし，実際は全く異なっており，赤外線の強い光を当てても日焼けはおこらないが，**紫外線**だと弱い光でも日焼けがおきる。このことを説明するイメージは図 2-3 の右側のようなものである。つまり強い光というのは大きな波ではなく，波の数が多いのである。図 2-3 の小さな波のひとつひとつの振幅には意味はない（すべて同じだと考えておいてよい)。赤外光と紫外光では，紫外光のほうが，波長が短く，式（2-1）から振動数が大きくなり，式（2-2）から紫外光の光子 1 個のほうがより大きなエネルギーをもつことがわかる。例えれば，物質に紫外光の光子が当たるということは，鉄球

が当たるようなものであり，赤外光ではピンポン球が当たるようなものである。「ピンポン球が100個当たってもたいしたことはないが，鉄球は1個でも当たるとかなり痛い，場合によると怪我をする」ということが日焼けの現象であることがわかる。

以上のように光が波と粒子の両方の性質をもつことがわかったことが量子力学のスタートである。ここで重要なことは，**化学では光を波と考える必要はほとんどなく，たいていの場合にはこのように粒子（光子）と考えておけばよい**。光子はそれぞれ1個ごとに波長と振動数が決まっており，その振動数から式（2-2）で計算されるエネルギーをもつ。強い光はこの光子の数が多いことに対応する。これだけのことを知っていればよい。

化学では光は粒子
これは化学の主役である原子や分子が光を粒子として認識するためである。

例題2-3 振動数 $3.00\times10^{14}\,\mathrm{s^{-1}}$ の電磁波の波長と光子1個のエネルギーを示せ。

解答 $\lambda=c/\nu=3.00\times10^{8}\,\mathrm{ms^{-1}}/3.00\times10^{14}\,\mathrm{s^{-1}}$
$=1.00\times10^{-6}\,\mathrm{m}=1.00\,\mu\mathrm{m}=1000\,\mathrm{nm}$
これは赤外光である。
$E=h\nu=6.63\times10^{-34}\,\mathrm{J}\times3.00\times10^{14}\,\mathrm{s^{-1}}$
$=1.99\times10^{-19}\,\mathrm{J}$

確認 電磁波の波長，振動数，光子1個のエネルギーのどれか1つがわかっているとき他の2つが計算できるか。

2-2 原子スペクトルと水素のボーア模型

(1) 光のスペクトル

光の二重性が見出されたあと，いろいろな光を分光していく中で量子力学は次の段階に入った。図2-4に我々に身近な光，ライターの炎と蛍光灯の光を分光して得られたスペクトルを示す。ライターの光のスペク

原子が決まった波長の光（電磁波）を放出することにより，それぞれの元素ごとに決まった色の発光が見られる。これが炎色反応である。

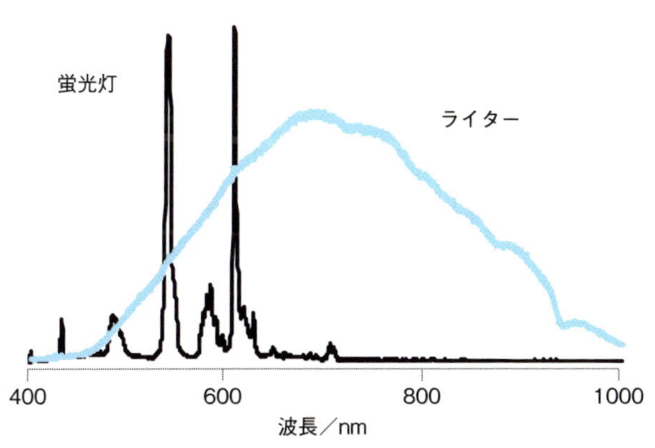

図2-4 ライターと蛍光灯のスペクトル

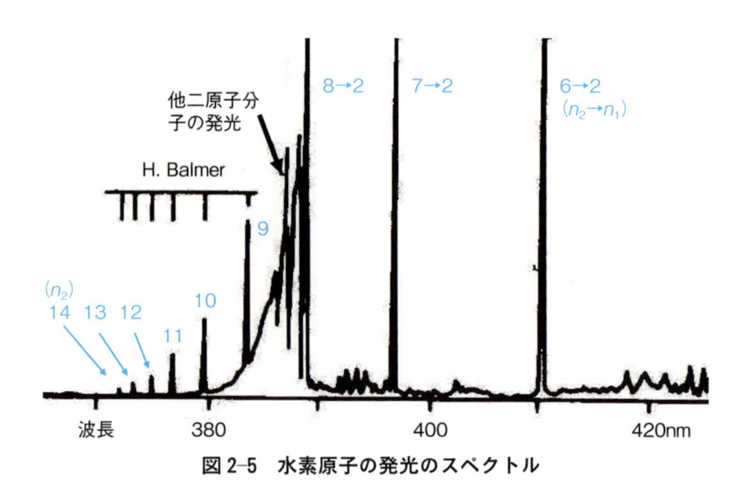

図 2-5 水素原子の発光のスペクトル

トルはなだらかな山を示し，これは後で示す太陽光のスペクトルと同じである。太陽光に比べて山のピークが赤色よりになっているのも黒体輻射の理論と一致している（章末コラム参照)。しかし，蛍光灯の光は全く様子が異なっている。何本かのピークが目立っており，これは蛍光灯が放電によって何種類かの決まった波長の光だけを強く放出していることを示している。これは蛍光灯中の水銀原子が光を出しているためであり，他の原子でもそれぞれの原子によって決まった波長の光だけを放出することがわかった。

(2) 水素原子のスペクトル

一般に原子の発光は不規則で複雑なスペクトルをしめすが，その中でも，水素原子のスペクトルだけは規則的であることがわかった。水素の発光は，図 2-5 に示したように長波長から短波長に向かって少しずつ間隔が狭くなっていく一連のピークとして観測される。詳しく調べた結果，すべての波長が，次の式から計算されるエネルギー E をもつ光子の波長になっていることがわかった。

物理でのエネルギーの単位は J（ジュール）であり，kg，m，s では
$$1\,\mathrm{J}=1\,\mathrm{kg\,m^2s^{-2}}$$
である。菓子パン 1 個 200 kcal などと一般に使われる cal とは
$$1\,\mathrm{cal}=4.18\,\mathrm{J}$$
の関係がある。電力の W は
$$1\,\mathrm{W}=1\,\mathrm{Js^{-1}}$$
となり，1 秒間に 1 J のエネルギーの流れが 1 W である。
単位換算も間違いなくできるようになってほしい。

$$E=h\nu=\frac{hc}{\lambda}=2.18\times10^{-18}\mathrm{J}\left(\frac{1}{n_1^2}-\frac{1}{n_2^2}\right) \tag{2-3}$$

ここで n_1 と n_2 はどちらも 1，2，3，・・・，の自然数の値をもつ。ただし n_2 は n_1 よりも大きな値 n_1+1，n_1+2，・・・でなければならない。つまり，

$n_1=1$ のとき $n_2=2$，3，・・・の値をもち，
$n_1=2$ のとき $n_2=3$，4，・・・の値をもち，
$n_1=3$ のとき $n_2=4$，5，・・・の値をもつ，

$n_1=1$ の発光のシリーズを発見者の名からライマン（Lyman）系列，$n_1=2$ のシリーズをバルマー（Balmer）系列，$n_1=3$ をパッシェン（Paschen）系列という。バルマー系列は可視光領域に現れ，最初に発見された。

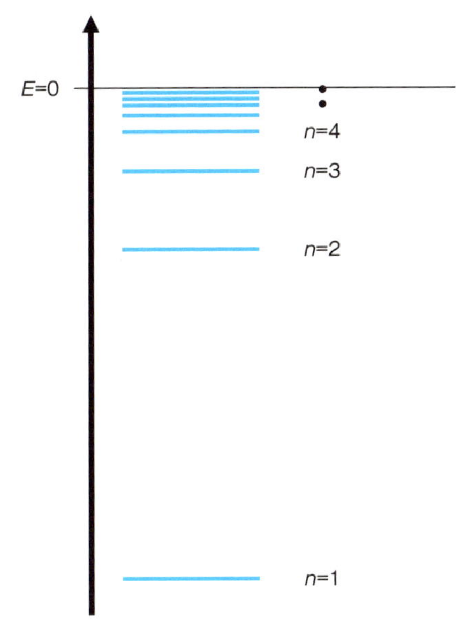

図 2-6 水素原子中の電子の許されるエネルギー
（$n=\infty$を基準（$E=0$）にしている）

というようになる。n_1の値も 4, 5, ・・・と，どこまでも続く。図 2-5 にみられるピークは$n_1=2$, $n_2=3$, 4, ・・・のシリーズ（バルマー系列）である。

1 章で述べたように水素原子は原子核と 1 個の電子からなるので，ボーアはこの電子が原子核と電子の間に働くクーロン力で原子核を中心に円運動をしており，ただし，エネルギーは$n=1, 2, 3, \cdots$として

$$E_n = -2.18\times10^{-18}\,\mathrm{J}\left(\frac{1}{n^2}\right) \tag{2-4}$$

の円運動に限って許されると考えた。図 2-6 はこの許されるエネルギーを，エネルギー縦軸にして表したもので，**エネルギー準位**という。エネルギー準位は量子力学ではたいへん重要な図である。ボーアは放電によって水素原子中の電子がエネルギーの高い状態 n_2，になり，よりエネルギーの低い状態 n_1，に移るときにエネルギー差（式（2-3））に相当するエネルギーの光子が放出され，その波長の光が観測されると考えると水素の発光が説明できることを示した。発光だけでなく，逆に低い状態 n_1，に電子が存在する原子にいろいろな波長の光があたった場合には，ちょうど高い状態 n_2，に移るときのエネルギー差（式（2-3））に相当する波長の光だけが吸収されることもわかった。後にこのエネルギー準位とスペクトルの考え方は正しいことがわかったが，電子が原子核の周りを円運動するときに，なぜ決まったエネルギーしか許されないの

か，という理由については説明できなかった。また，He，Li，・・・と続く他の原子の発光の複雑なスペクトルも説明できなかった。

確認　水素原子中の電子のエネルギーと放出，吸収する電磁波の波長の関係は理解できたか。

例題 2-4　水素原子の電子が，$n=n_2$ の状態から $n=5$ の状態に移ったときに放出された電磁波の波長は 3.74 μm であった。以下の問いに答えよ。

(a)　この電磁波の振動数を求めよ。

(b)　この電磁波の光子 1 個のエネルギーを求めよ。

(c)　n_2 の値はいくらか。

解答　(a)　$\lambda=c/\nu$ より振動数

$\nu=c/\lambda=3.00\times10^8\ \mathrm{m\ s^{-1}}\div3.74\ \mu\mathrm{m}$

$=3.00\times10^8\ \mathrm{m\ s^{-1}}\div(3.74\times10^{-6}\ \mathrm{m})=8.02\times10^{13}\ \mathrm{s^{-1}}$

(b)　光子 1 個のエネルギーは $E=h\nu$ より

$E=6.63\times10^{-34}\ \mathrm{Js}\times8.02\times10^{13}\ \mathrm{s^{-1}}=5.32\times10^{-20}\ \mathrm{J}$

(c)　(b) の結果から

$2.18\times10^{-18}\ \mathrm{J}\times(1/5^2-1/n_2{}^2)=5.32\times10^{-20}\ \mathrm{J}$

これより，

$(1/5^2-1/n_2{}^2)=5.32\times10^{-20}\ \mathrm{J}\div2.18\times10^{-18}\ \mathrm{J}=0.0244$

$(1/25-1/n_2{}^2)=0.0244$

つまり，$1/n_2{}^2=0.04-0.0244=0.0156$。$n_2{}^2=64.1$ となる。

n_2 は整数だから最も近い値は 8。$n_2=8$

2-3　電子の従う規則

ボーアの理論を発展させたものがドブロイの物質波の考え方と許されるエネルギーを決めるシュレディンガー方程式の発見である。

電磁波と電子の式は紛らわしいので注意する。なお電子のエネルギーは $h\nu$ ではなく，普通の運動エネルギーの式 $(1/2)mv^2$ である。

(1)　ドブロイ波長

ドブロイは電子に対して，光と同じように**二重性**をもつのではないかと考えた。つまり，それまで粒子と考えられていた電子が波としての性質ももつのではないかと考え，波の重要な性質である波長が

$$\lambda=\frac{h}{mv} \tag{2-5}$$

となることを光子の場合の関係式から類推した。ここで h は光子のエネルギーの式 (2-2) に現れたプランク定数，m は電子（一般的には粒子）の質量，v は動いている電子（一般的には粒子）の速さである。式 (2-5) の関係式は類推で得られたものであるが，後に電子もやはり粒子だけではなく波の性質ももち，確かにその波長が式 (2-5) であると考えると実験結果がすべて説明できることがわかった。電子のような粒子を波と考えたものを**物質波**といい，その波長を特に**ドブロイ波長**という。

例題 2-5 電子（質量 9.11×10^{-31} kg）が 5000 $\mathrm{ms^{-1}}$ の速さで動いているときのドブロイ波長は何 nm か。

解 答 $\lambda = h/mv$ より，$\lambda = \dfrac{6.63\times10^{-34}\,\mathrm{Js}}{9.11\times10^{-31}\,\mathrm{kg}\times5000\,\mathrm{ms^{-1}}}$ となる。これを計算して

$$\lambda = \frac{6.63}{9.11\times5}\times\frac{10^{-34}}{10^{-31}\times10^{3}}\times\frac{\mathrm{kgm^2s^{-2}s}}{\mathrm{kg}\times\mathrm{ms^{-1}}} = 0.146\times10^{-6}\,\mathrm{m}$$
$$= 0.146\times10^{3}\times10^{-9}\,\mathrm{m} = 146\,\mathrm{nm}$$

確認 粒子の質量と速さ，ドブロイ波長の 3 つのうち 2 つがわかっているとき残りの 1 つが計算できるか。

(2) シュレディンガー方程式

ドブロイの式（2-5）は，電子などの粒子の従う規則，量子力学，の本質を的確に表したものであるが，分子中の電子に適用するのはかなりやっかいであった。そこで物質波の考え方を元にして導かれたのが**シュレディンガー方程式**である。式の形などは次節で説明するが，シュレディンガー方程式を解くことによって，許されるエネルギーとそのエネルギーに対する電子などの波の形を求めることができる。

シュレディンガー方程式は原子ごとに少しずつ異なっており，別の方程式となる。水素原子以外は近似的に解かれる。

シュレディンガー方程式が原子を知るための強力な武器となるのは，この方程式を解くと，原子中の電子はエネルギー E がある決まったとびとびの値のときに限り解が存在し，その解ごとに電子が雲のように広がっているようす（これを電子雲という）がわかることである。あたかも原子中に多くの電子の席が存在し，その席ごとにエネルギー決まっているようであることがわかった。水素原子ではシュレディンガー方程式を完全に解くことができ，図 2-6 に示した電子の許されるエネルギーが得られる。シュレディンガー方程式を解くと，水素原子中の電子のエネルギー E が式（2-4）の値に一致するときだけ解が存在するのである。

次節で具体的な例を示すが，シュレディンガー方程式を解いて得られるものはエネルギー E とそれに対応する波動関数 $\Psi(x, y, z)$ の組みである。原子中の電子は粒子としての性質よりも波としての性質が強く，ある時刻での位置や速さというものは考えられなくなり，電子の居場所はぼやけてしまう。解として得られた波動関数 $\Psi(x, y, z)$ からその二乗 $|\Psi(x, y, z)|^2$ を求めると，それは各場所での電子の存在確率を表し，これが上に述べた電子雲を表している。

列車の指定席のようにこの電子の席には番号が付けられている。この番号を**量子数**といい，3 章で詳しく説明する。

(3) 電子のスピン，不確定性原理など

化学で取り扱う量子力学の最後の段階としてスピンと粒子の**同等性**，

不確定性原理について説明する。これらは特にわかりにくいものであるが，粒子の同等性は原子中の電子の席を考えるとき，席に座れる人数を決めるもとになっており，スピンは量子数で決まる席はよく列車で見かける「二人掛け」なっていることを示している。そのため結果としてそれぞれの席には電子は2個しか入れないという「パウリの排他原理」になるので，この結果だけを理解していればよい。

電子のような粒子の性質として，詳しく調べてゆくと磁石に対して違ったふるまいをする場合があることが分かった。例えば電子を，不均一な磁場中（磁石による磁力が一定でない磁場）を通過させると，2つのグループに分かれる。ただしこれは2種類の電子が存在するわけではなく，一方のグループだけを取り出し，もう一度磁場の方向を変えて不均一な磁場中を通過させると同じグループだったものが再び2つのグループに分かれることから，電子の状態として異なったものが2つだけあることがわかった。これを電子の**スピン**といい，例えていうと電子は右まわりと左回りの2種類の自転をしているようなものである。これをスピンが$+1/2$と$-1/2$であるといい，この電子の自転は横向きに自転することはなく，2種類の自転しかないというような奇妙なものであることがわかった。

電子のスピンはなぜ1/2？
2種類の電子を表すなら$+1$と-1のほうが簡単ではないか，と思うかもしれないが，実は回転の量子数は1ずつ変化するので$+1$と-1だとその間の0も現れることになる。3章で水素原子中の電子の量子数を詳しくみたとき，磁気量子数にこの例が現れる。電子のスピンには2つの状態しかないので，差が1になるように量子数は$+1/2$と$-1/2$でなければならない。しかし，量子数を用いた高度な計算をしない限り，αとβ，あるいは↑と↓を使っていればよい。

コインのようなものを考えてみるとよい。コインを何個か放り投げるとあるコインは表向きになり，あるコインは裏向きになる。表向きになったコインだけ集めてもう一度放り投げるとまたあるコインは表向きになり，あるコインは裏向きになる。コインの種類はすべて同じだとすると，コインの散らばった状態は，落ちた場所の(x, y)座標で表すことができるが，それ以外に「表」，と「裏」も示す必要がある。結局表裏を変数σで表すと，落ちたコインの状態は(x, y, σ)の3変数で表される。ここでσは「表」と「裏」の2つの値のどちらしかとらないという奇妙な変数である。電子の場合にはこの「表」と「裏」には記号の↑と↓やαとβが用いられる。粒子の同等性から，電子は同じ状態になるのは1個に限られるので，席の場所(x, y)を決めるとそこにはスピンが↑と↓の2個の電子が入れる。これが，席が二人掛けになる理由である。

位置が確定できないということを数式で表すと

$$\Delta x \times \Delta(mv) \geq \frac{\hbar}{2} \qquad (2\text{-}6)$$

$\hbar = h/2\pi$であり，ディラック定数とよばれる。

となる。ここでΔxは位置の測定の誤差，$\Delta(mv)$はx方向の速さに質量をかけたもの（運動量）の誤差であり，これらの積が $\hbar/2$ より大きい，つまり式（2–6）は位置と速度の両方を精密に測定することはできないということを表わしている。ハイゼンベルグが見出したこの原理を**不確定性原理**といい，電子を我々の世界の普通の粒子と同じものだと考えてはいけないことを示している。

不確定性原理から同等性を考えてみよう。電子 2 個があったとき区別することができないが，これは全く同じボール 2 個があって区別できないという場合とは本質的に異なっている。ボールでは左側のボールに着目しておくと，そのあとどんなにかき回してもボールの動きを追っていけばいつでも左側のボールであることを確認できる。しかし電子では波の性質をもつことから，つまりぼやけているために，このように左側の電子の動きをずっと追っていくということができないのである。この同等性によって電子は同じ状態になれない，つまり 1 つの状態に 1 個しか入れないことが導かれる（パウリの排他原理，3–2 節参照）。

2–4 シュレディンガー方程式とその解

この節では箱の中の粒子について実際にシュレディンガー方程式を解く方法と水素原子中の電子の解き方を説明する。数式が多く，少し発展的内容である。

シュレディンガーは一般的に電子の満たすべき方程式として，

$$-\frac{\hbar^2}{2m}\left(\frac{\partial^2}{\partial x^2}+\frac{\partial^2}{\partial y^2}+\frac{\partial^2}{\partial z^2}\right)\Psi(x,y,z) + V(x,y,z)\,\Psi(x,y,z) = E\Psi(x,y,z) \tag{2–7}$$

という式を考えた。ここで m は電子の質量，$\hbar$ はプランク定数 h を 2π で割った定数，x，y，z は原子中の座標である。$V(x, y, z)$ は粒子のおかれているポテンシャル（位置エネルギー，3 次元の空間中のポテンシャルであるので一般的に x，y，z の関数となる）であり，x，y，z 方向で微分すると電子の受ける力になるものである。原子は元素ごとに原子核中の陽子数と電子数が異なるので，原子核からの引力と他の電子からの反発力が異なるので，$V(x, y, z)$ も元素ごとに異なる。E は電子のエネルギーを表わし，$\Psi(x, y, z)$ は波動関数と呼ばれる電子の波を表すものである。この波の波長はエネルギーが E，ポテンシャルが $V(x, y, z)$ のときにドブロイの式（2–5）になるようになっており，このことは式（2–7）が（2–5）と全く同じ内容を表わしたより一般的な式であること

式（3–7）中の $\frac{\partial^2}{\partial x^2}$ などは，x だけを変数として（y，z は定数と考えて）$\Psi(x, y, z)$ を微分する偏微分 $\frac{\partial}{\partial x}$ を 2 回行う記号である。

波動方程式

2 階微分すると元に戻る関数が波の関数を与える。シュレディンガー方程式は 2 階微分を含み，波動方程式と呼ばれる。

を示している。

波動関数 $\Psi(x, y, z)$ の意味は重要である。波動関数の2乗 $|\Psi(x,y,z)|^2$ は電子の存在する確率を表わす（$\Psi(x,y,z)$ は一般的に複素数を用いてもよいので，単に波動関数の2乗ではなく絶対値の2乗になる）。つまり，もし何らかの方法で電子の位置を測定したとすると，その場所の近く（$x \sim x+\mathrm{d}x$, $y \sim y+\mathrm{d}y$, $z \sim z+\mathrm{d}z$ の範囲）に存在する確率が $|\Psi(x, y, z)|^2 \mathrm{d}x\mathrm{d}y\mathrm{d}z$ になるという意味である。このことは電子がもはや粒子として確定した場所に存在するということはなく，位置が「ぼやけている」ことを表わしている。$|\Psi(x, y, z)|^2$ の値の大きな場所に存在する確率が高いことになる。

最も簡単な場合のシュレディンガー方程式を解いてみよう。電子を $0<x<a$, $0<y<a$, $0<z<a$ の範囲内，つまり一辺の長さ a の立法体の箱の中に閉じ込めた場合で，この場合のポテンシャルは $0<x<a$, $0<y<a$, $0<z<a$ の領域で0，この領域外では無限大と考えればよい。つまりこのポテンシャルを式（2–8）に代入するということは $V(x, y, z)$ を0にすればよいことになる。箱の外側のポテンシャルが∞ということは，波動関数の2乗が存在確率を表わすことを考えると，方程式を解くときに箱の表面で $\Psi(x, y, z)=0$ という条件を与えればよい。これを**境界条件**という。

水素原子中の電子の波動関数やエネルギーは，式（2–7）中 $V(x, y, z)$ を原子核と電子の引力から求めて代入すれば正確に解ける。3章でもう少し詳しく説明する。

さて，方程式は簡単に

$$-\frac{\hbar^2}{2m}\left(\frac{\partial^2}{\partial x^2}+\frac{\partial^2}{\partial y^2}+\frac{\partial^2}{\partial z^2}\right)\Psi(x, y, z) = E\Psi(x, y, z) \quad (2\text{–}8)$$

最初の位置や速さなどを決めて微分方程式を解くものを初期値問題という。一方，取り囲む境界での値を決めて解くものを境界値問題といい，解く方法がかなり異なる。

となった。次に波動関数をそれぞれの座標ごとの関数の積に置いて解を求めてみる。

$$\Psi(x, y, z) = \phi_x(x)\phi_y(y)\phi_z(z) \quad (2\text{–}9)$$

とする。この波動関数を式（2–8）に代入し，x についての偏微分が $\phi_y(y)$ や $\phi_z(z)$ には働かないことなどを考えると

$$\begin{aligned}-\frac{\hbar^2}{2m}\Bigg(&\phi_y(y)\phi_z(z)\frac{\partial^2}{\partial x^2}\phi_x(x)+\phi_x(x)\phi_z(z)\frac{\partial^2}{\partial y^2}\phi_y(y)\\ &+\phi_x(x)\phi_y(y)\frac{\partial^2}{\partial z^2}\phi_z(z)\Bigg) = E\phi_x(x)\phi_y(y)\phi_z(z)\end{aligned} \quad (2\text{–}10)$$

と書ける。この両辺を $\phi_x(x)\phi_y(y)\phi_z(z)$ で割ると

$$-\frac{\hbar^2}{2m}\frac{\frac{\partial^2}{\partial x^2}\phi_x(x)}{\phi_x(x)}-\frac{\hbar^2}{2m}\frac{\frac{\partial^2}{\partial y^2}\phi_y(y)}{\phi_y(y)}-\frac{\hbar^2}{2m}\frac{\frac{\partial^2}{\partial x^2}\phi_x(z)}{\phi_z(z)}=E \quad (2\text{–}11)$$

が得られる。この式の解を求めるには，x だけを含む第 1 項を E_x などと等しいとおいた式

$$-\frac{\hbar^2}{2m}\frac{\partial^2}{\partial x^2}\phi_x(x)=E_x\phi_x(x)$$
$$-\frac{\hbar^2}{2m}\frac{\partial^2}{\partial y^2}\phi_y(y)=E_y\phi_y(y) \quad (2\text{–}12)$$
$$-\frac{\hbar^2}{2m}\frac{\partial^2}{\partial z^2}\phi_z(z)=E_z\phi_z(z)$$

を解けばよい。ここで E_x のなどの合計がエネルギー E である。

$$E_x+E_y+E_z = E \quad (2\text{–}13)$$

式（2–12）の方程式は変数が変わっただけで同じ形の方程式であり，2 階微分すると自分自身と同じ形になるので，sin や cos の三角関数であることがわかる。係数が一致するようにすると，例えば x についての解は

$$\phi_x(x)=A\sin\left(\frac{\sqrt{2mE_x}}{\hbar}x\right) \quad (2\text{–}14)$$

となることがわかる。ここで，A はあとで決まってくる定数である。式（2–12）の方程式だけでは cos も解となるが，境界条件の 1 つ「$x=0$ で波動関数が 0」でなければならないことを考えると，式（2–14）しか解になれないことがわかる。もう 1 つの境界条件，「$x=a$ で波動関数が 0」は整数の n に対して $\sin(n\pi)=0$ となることから

$$\frac{\sqrt{2mE_x}}{\hbar}a=n\pi \quad つまり \quad E_x=\frac{\pi^2\hbar^2}{2ma^2}n^2=\frac{h^2}{8ma^2}n^2 \quad (2\text{–}15)$$

でなければならない。$n=1, 2, 3,$・・・であることから，E_x はとびとびの値になる。式（2–15）の E_x を式（2–13）に代入すると，x, y, z についてまとめた結果として，

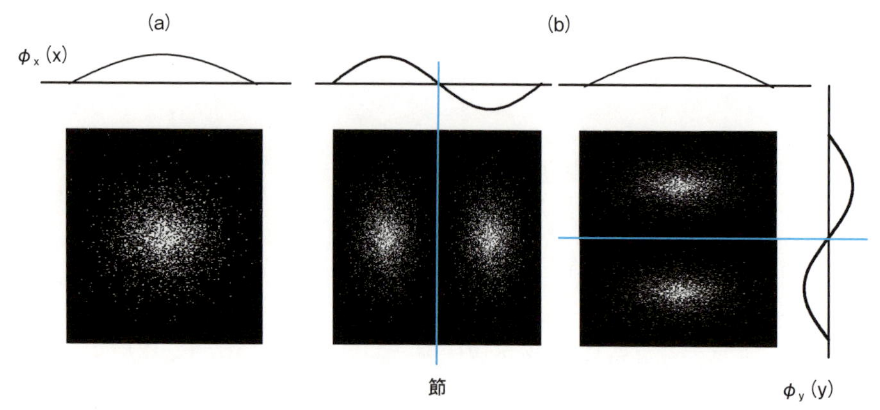

図 2-7　(a)　$(n_x,\ n_y,\ n_z)=(1,1,1)$ と (b)　(2,1,1)，(1,2,1)の電子雲

$$\Psi(x,\ y,\ z)=A\sin\left(\frac{n_x\pi}{a}x\right)\sin\left(\frac{n_y\pi}{a}y\right)\sin\left(\frac{n_z\pi}{a}z\right)$$
$$E=\frac{h^2}{8ma^2}(n_x^2+n_y^2+n_z^2) \qquad (2\text{–}16)$$

が得られる。ここで $n_x=1, 2, 3,\cdots$，$n_y=1, 2, 3,\cdots$，$n_z=1, 2, 3,\cdots$ である。このようにシュレディンガー方程式を解くときには，方程式の形だけでなく境界条件が重要であることを理解してほしい。実際，エネルギーがとびとびになるのは境界条件によるものである。

最もエネルギーの低い波動関数は $n_x=1$，$n_y=1$，$n_z=1$ のときであり，このときのエネルギーは $E=3h^2/8ma^2$ である。次に低いエネルギーの波動関数は 3 つあり，$n_x=2$，$n_y=1$，$n_z=1$ と $n_x=1$，$n_y=2$，$n_z=1$ と $n_x=1$，$n_y=1$，$n_z=2$ のときに同じエネルギー $6h^2/8ma^2$ をもつ。これらの波動関数から，電子の存在確率を点の濃さであらわしたものを図 2-7 に示した。3 次元の波は理解しにくいが，助けとなるのは存在確率が 0 になる節というものである。$\phi_x(x)$ を図 2-7 に示したが，$x=a/2$ のときに $\phi_x(x)=0$ になり，波動関数 $\Psi(x, y, z)=\phi_x(x)\phi_y(y)\phi_z(z)$ は $\phi_y(y)$ と $\phi_z(z)$ に関係なく 0 になる。つまり，$x=a/2$ の面上で 0 になり，節は面になる。一般に節は 1 次元では点，2 次元では線，3 次元では面になる。

3 次元の波動関数の形を理解するためには節が重要である。

エネルギーと波動関数を決める整数，n_x，n_y，n_z は**量子数**と呼ばれ，われわれの世界での位置や速度のように，量子力学の世界で粒子の状態を表わすものである。これが電子の席の番号である。

ここで計算した箱の中の波動関数は分子内の電子の波動関数とはかなり異なるものであるが，詳しく説明したのは，今後この波動関数をもとに原子や分子の中の電子のイメージを育ててほしいからである。重要なことは，電子は原子の中ではもはや粒子のように存在しているわけではなく，雲のようにぼやけており，最も重要な電子の状態を表わすものはそのエネルギーだということである。前の節で化学では光を波と考えるよりは粒子と考えるほうがよいと述べたが，化学で取り扱う電子はほとんどの場合に原子や分子の中に存在するので，逆に波と考えたほうがよい。

化学では電子は波
これは化学の中の主役である原子や分子を考えたとき，電子はその中に閉じ込められていて波の性質を強く示すためである。

例 題2-6 電子を一辺 a の立方体の容器に入れたときのエネルギー準位を低いものから6つ，$h^2/8ma^2$ を単位として示せ。量子数の組，$(n_x,\ n_y,\ n_z)$ も示すこと。

解 答 下の図のようになる。

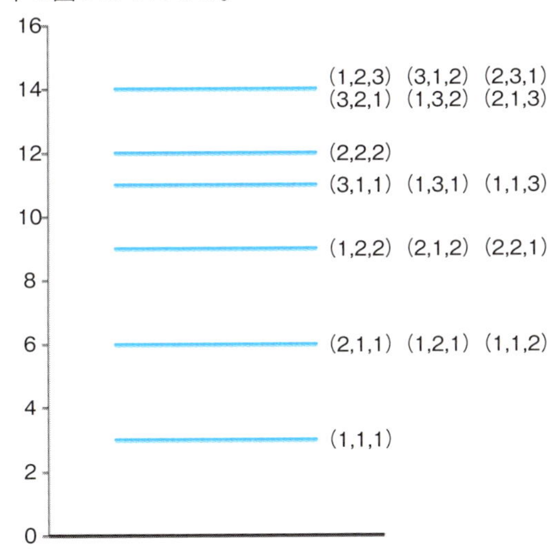

コラム 黒体輻射と太陽のスペクトル

我々の周りの物体は絶対零度にならない限り何かの電磁波を出している。この電磁波のスペクトルはなだらかな山のような形をしており，温度が高くなればピークの波長は短くなっていく。式で書くと，温度 T のとき

$$I(\lambda)=\frac{2\pi hc^2}{\lambda^5}\frac{1}{e^{hc/\lambda kT}-1}$$

となり，ここで $I(\lambda)$ は放出される電磁波の波長 λ での強さをエネルギーで表したものである。h はプランク定数，k はボルツマン定数，c は光速である。図1にいくつかの温度で計算されたにスペクトルを示した。太陽表面の温度はほぼ 6000 K で可視光が強いことがわかる。

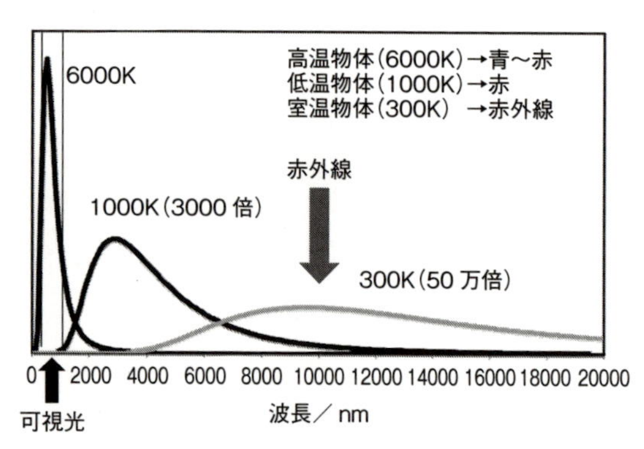

図1　黒体輻射のスペクトル

黒体放射の式から発光の最も強い波長 $\lambda_{\max}$ が

$$\lambda_{\max} = 0.002898 \ \mathrm{Km}/T$$

であることがわかる。この式から太陽の表面温度 6000 K では $\lambda_{\max}=483$ nm となり太陽光では確かに可視光が強いことがわかる。一方，我々の周囲の物体は，温度を 300 K とすると温度が低いために $\lambda_{\max}$ が長くなって 9700 nm となり目に見えない赤外光しか放出していないことがわかる。

図 2 に太陽光のスペクトルを示した。幅広く可視光の領域の光が存在するが，スペクトル中にところどころ下向きのピークが見られる。これは太陽の周りに存在する原子によってとびとびに光が吸収されているためである。原子の研究に役立ったこの吸収をフラウンホーファー線という。

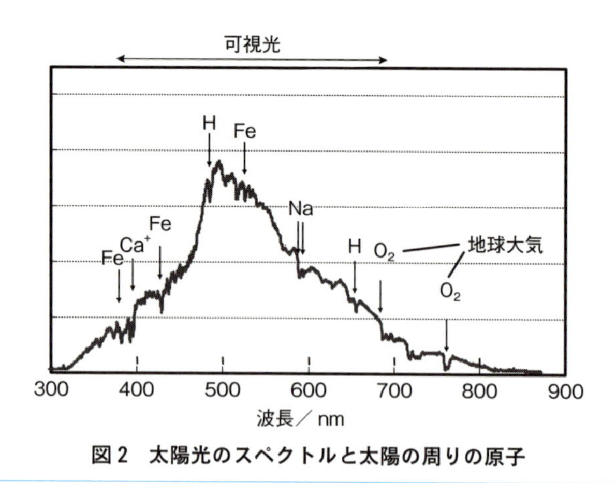

図2　太陽光のスペクトルと太陽の周りの原子

章末問題

1）周波数（振動数）1.50 MHz の電波の波長を求めよ。

2）振動数 $\nu=5.00\times10^{15}\mathrm{s}^{-1}$ の電磁波の波長 λ は何 nm か。また光子 1 個のエネルギーは何 J か。

3) 波長 500 nm の可視光（緑色）の周波数（振動数）と波数（1 cm 中の波の数）を求めよ。

4) 波長 λ が 20.0 nm の紫外光の振動数 ν はいくらか。また光子 1 個のエネルギーは何 J か。

5) 光子 1 個エネルギーが，波長 6.00 μm の電磁波の 5.00 倍となる電磁波の波長は何 nm か。

6) ある電子がドブロイ波長 100.0 nm で動いている。この電子の速さは何 ms^{-1} か。

7) 酸素原子がドブロイ波長 6.63 nm をもつとき，速さは何 ms^{-1} か。

8) ある原子が速さ 1000 ms^{-1} で動いているとき，ドブロイ波長は 0.400 nm であった。この原子は何か。

9) 酸素分子 O_2 がフラーレン C_{60} の 5 分の 1 の速さで動いている。このとき，O_2 のドブロイ波長は C_{60} のドブロイ波長の何倍か。

10) 水素原子のエネルギーの式（2-6）に現れる 2.18×10^{-18} J が水素を H^+ イオンにするのに必要なエネルギー（イオン化エネルギー）になることを説明せよ。

11) 以下の文を読んで問に答えよ。

水素を放電して発光させて水素原子のスペクトル（横軸は波長 λ）を測定すると，（ ① ）の領域に下の量子数 $n_1=3$ の一連のピークが観測された。この一連のピークの右から（長波長側から）2 番目のピークの上の量子数 n_2 は（ ② ）であり，右から 6 番目のピークの n_2 は（ ③ ）である。

(a) （ ① ）に入る語句を答えよ。

(b) （ ② ）と（ ③ ）に入る数値を答えよ。

12) 水素原子の電子が $n=n_1$ の状態から $n=n_2$ の状態に移ったときに放出された電磁波の波長は 97.3 nm であった。以下の問いに答えよ。

(a) この電磁波の振動数と波数を求めよ。

(b) この電磁波の種類は何か。

(c) この電磁波の光子 1 個のエネルギーを求めよ。

(d) n_2 の値はいくらか。また，n_1 の値はおよそいくらか。

13) 以下の文を読んで問に答えよ。

下の図はある波長領域の水素原子の発光を示しており，A の発光は下の量子数 n_1 が 4，上の量子数 n_2 が 10 であることがわかった。また，この波長領域には A の系列の発光に加えて，ひとつだけ異なる系列の発光が混ざっている。

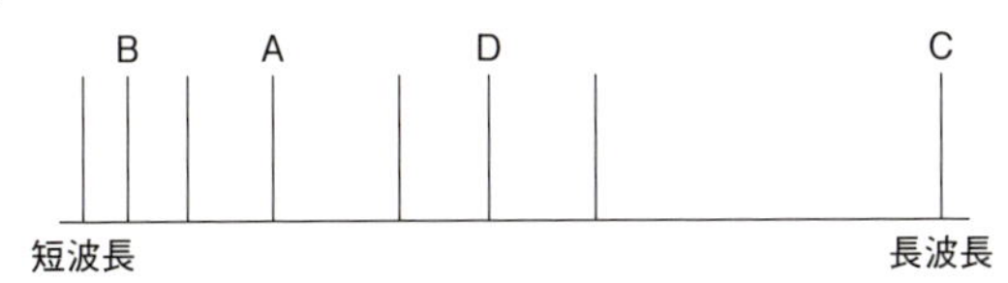

(a) B の発光の下の量子数 n_1 と上の量子数 n_2 を答えよ。

(b) C の発光の下の量子数 n_1 と上の量子数 n_2 を答えよ。

(c) D の発光の下の量子数 n_1 と上の量子数 n_2 を答えよ。

14) 右の図のようなx軸上の一次元の波動関数がある。A点とB点の間で，粒子が見出される確率が最も高い場所と，粒子が決して見出されない場所はそれぞれどこか。

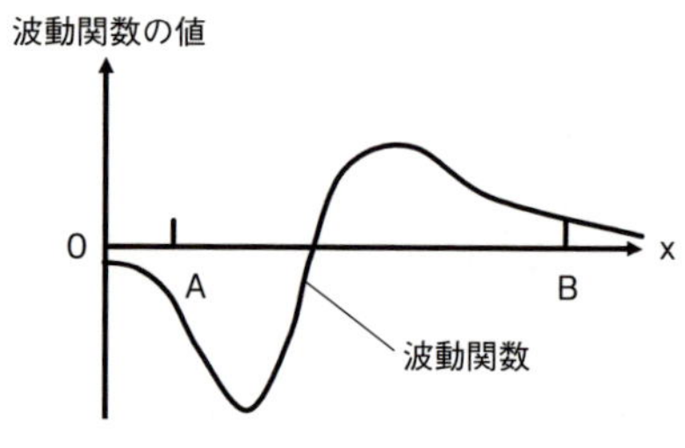

15) x軸上の$x=0$と$x=a$の範囲に閉じ込められた粒子の1次元波動関数が$A\sin(5\pi x/a)$であるとき（Aは定数），以下の問いに答えよ。

(a) 量子数nの値はいくらか。

(b) 存在確率が極大になる位置のxの値はいくらか。すべてのxの値を答えよ。

16) H_2O分子を一辺0.500 cmの立方体の容器に入れた。$n_x=2$，$n_y=6$，$n_2=7$の状態のエネルギーを求めよ。

3 周期表と電子配置

この章では2章で勉強した量子力学をもとにいろいろな原子中の電子のようすを説明し，それぞれの元素の原子の性質がどのようにして表れてくるかを説明する。基本になるのはシュレディンガー方程式であるが，この方程式を数学的に解くことができるのは電子が1個の水素原子についてだけである。最初，水素原子の結果を示し，次に，水素原子の結果を利用して一般の原子について考えてゆく方法を述べる。最後に水素原子のシュレディンガー方程式の解き方について説明する。2章の量子力学の基本的原理と比べながら勉強していってほしい。

3-1 水素原子中の電子の軌道と電子雲

水素原子中の電子のシュレディンガー方程式については3-4節で少し詳しく説明するが，ここでは水素原子中の電子の席について理解してほしい。2章で席には番号（量子数）が付くことを説明したが，水素原子中の電子の席は3つの量子数 n，l，m_l で決まっている。

***n* は主量子数**といわれるもので，2章の式（2-4）に現れているように水素原子ではエネルギーを決定し，$n=1$，2，3，・・・の値をもつ。決まった n の軌道全体をまとめて「殻」といい，$n=1$，2，3，4，・・・の殻をそれぞれK殻，L殻，M殻，N殻（以下アルファベット順）という。

それぞれの主量子数 n の席はさらに**方位量子数 *l*** によってわかれている。l は波動関数の角度方向の形をきめるものであるが，主量子数 n の値によって制限されている。l は0，1，・・・，$n-1$ の値しかとれない。この $l=0$，1，2，3の席はそれぞれ**s軌道**，**p軌道**，**d軌道**，**f軌道**と呼ばれる。最大で $l=n-1$ であるため，上に述べたようにそれぞれの n で存在する軌道の数が異なる。

それぞれの方位量子数 l の席はさらに**磁気量子数 m_l** によってわかれており，m_l は $-l$，$-l+1$，・・・，$l-1$，l の値しかとれない。例えば

$n=7$ までの軌道

n	軌道
1	1s(1)
2	2s(1)，2p(3)
3	3s(1)，3p(3)，3d(5)
4	4s(1)，4p(3)，4d(5)，4f(7)
5	5s(1)，5p(3)，5d(5)，5f(7)
6	6s(1)，6p(3)，6d(5)，・・・
7	7s(1)，7p(3)，・・・

括弧内に m_l の違いによる軌道内の波動関数の数を示した。周期表に関係しない5g，6f，7dなどは略した。

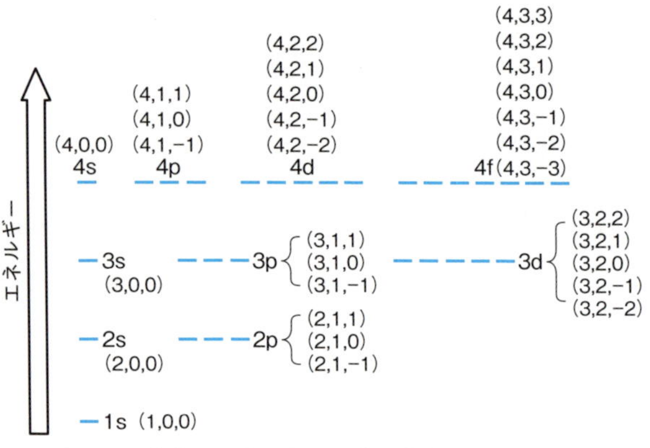

図 3-1　水素原子中の電子の席と座席番号（量子数）
エネルギーは正確には図 2-6 のようになる。

$l=0$ の s 軌道では $m_l=0$，$l=1$ の p 軌道では m_l は -1，0，1 しか許されないので，s，p，d，f 軌道にはそれぞれ 1，3，5，7 個の状態（波動関数）が存在することになる。3-4 節で説明するが m_l は波動関数の向きを表している。

席の番号は 3 つの量子数の組み合わせになっていて複雑であるが，そのようすを図 3-1 に示した。原子の周期表を理解する基本であるのでしっかり覚えておいてほしい。

確認　水素原子中の電子の席（量子数）がどのようになっているか理解できたか。

例　題 3-1　M 殻のすべての軌道とそれぞれの軌道に含まれる波動関数（状態）の数を示せ。

解　答　M 殻は $n=3$ であり，l は最大で $n-1=2$ だから，$l=0$，1，2 の軌道が存在する。これは 3s，3p，3d 軌道。3s 軌道は $l=0$ だから状態は $m_l=0$ の 1 つ。3p は $l=1$ だから状態は $m_l=-1$，0，$+1$ の 3 つ。3d は $l=2$ だから状態は $m_l=-2$，-1，0，$+1$，$+2$ の 5 つ。

2 章で述べたように，それぞれの電子が入る席にはエネルギーと波動関数が対応しており，波動関数の 2 乗が電子の存在確率，電子雲となる。いくつかの電子雲をみてみよう。図 3-2 は，もし 1s 軌道中の電子がどこにいるかを繰り返し測定して見つかった場所を点で表すとどうなるかを示したものである。雲のようにぼんやりと広がっていることがわかる。これを電子雲といい，雲の濃いところに電子が見つかる確率（存在確率）が高くなる。電子が円のような軌道を描いて運動しているわけではないことがわかる。図 3-2 の下に，波動関数の断面を示した。中心の原子核の付近で最も高く，原子核から離れていくにつれてゆっくり下がっていくことがわかる。1s 軌道の電子雲は球対称であり，ひと塊になっている。つまり **1s 軌道には節はない**。また，s 軌道の m_l は 0 に限られ

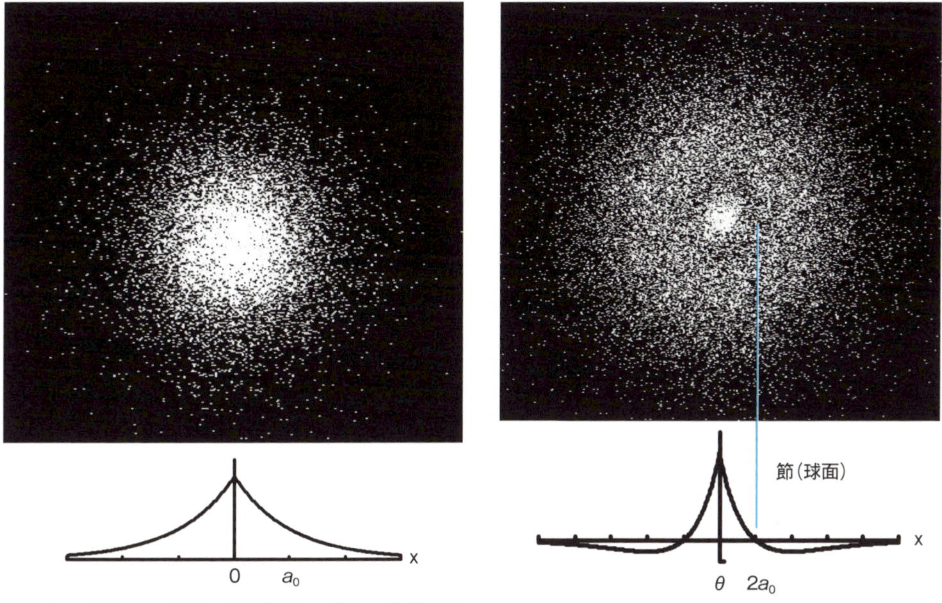

図 3-2　水素の 1s 軌道の電子雲と x 軸上の波動関数

図 3-3　水素の 2s 軌道の電子雲と x 軸上の波動関数

ており電子雲は 1 つである。これは球対称の s 軌道の波動関数には向きがないことから当然の結果である。

2s 軌道の電子雲を図 3-3 に示した。2s 軌道も球対称であるが，下に示した断面の波動関数が 0 になるところがあり，この半径の球面上では波動関数の 2 乗が 0 になり，この球面上には電子が存在しないことになる。これが節であり，空間は 3 次元なので 2 次元の球面の節になる。

s 軌道の電子雲はすべて球対称である。ただ 1s には節はなく，2s, 3s と n が増えると球面の節の数が増えていく。

2p 軌道の電子雲を図 3-4 に示した。2p 軌道は 1s，2s 軌道とかなり

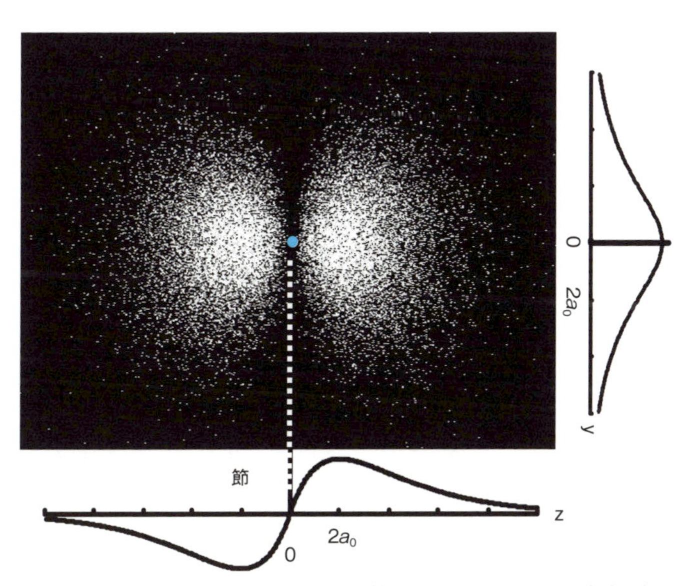

図 3-4　水素の $2p_x$ 軌道の電子雲と x 軸上と $(x=2a_0, y)$ 上の波動関数

異なった形をもち，図の例ではx方向に2つの雲に分かれている。この方向性があることにより，p軌道のm_lには-1，0，$+1$の3つ存在し，x，y，z方向に2つに分かれた3つの波動関数がある。波動関数が0になる節は電子雲を2つに分けており，yz面，xz面，xy面の中心を通る平面の節になる。m_lの違いは電子雲の方向の違いだけであるから，エネルギーなどほかの性質には違いはない。

ここで波動関数の符号（振動の符号）について説明しておく。図3-3や図3-4に示したように，波動関数の符号は波動関数が0になる節を越えると逆転する。波動関数を2乗して得られる電子雲ではすべてプラスになるが，波動関数の符号は節を越えるたびに逆転することを覚えていてほしい。5章以降で波動関数を足したり引いたりすることが行われるが，このときこの符号が重要になってくる。

電子が図3-2〜3-4の3次元の電子雲になることもかなり想像しにくいものであり，d軌道やf軌道になるともっと複雑な形になる。しかし，簡単に分類して理解する方法があり，それが節の数を考える方法である。節の数の合計は$n-1$となる。3-4節でもう少し詳しく説明するが，節には球面のものと原点を通る面の2種類あり，原点を通る面の節の数は量子数lと等しい。球面の節の数は合計の節の数から原点を通る節の数を引いて，$n-l-1$になる。

確認　軌道と節の数の関係は理解できたか。

例題3-2　右の図はある軌道の断面を示している。直線の点線は紙面に垂直な面の節を，円形の点線は球面の節を示している。この軌道は何か。

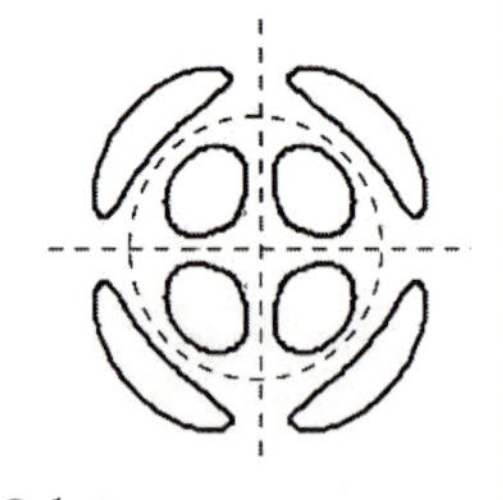

解答　中心を通る節が2つと，球面の節が1つ，合計3つの節がある。節の合計$n-1=3$だから$n=4$。中心を通る節が2つあるのはd軌道だから，右の図は4d軌道の5つの電子雲のうちの1つ。

3-2 周期表と電子配置

(1) 一般の原子中の電子

水素原子の場合には，1個だけしかない電子は普通最もエネルギーの低い1s軌道に存在し，放電などによってエネルギーを与えると2sや2p，あるいはもっとエネルギーの高い状態に移る。電子のいる席は1s，2s，2p，・・・と決まっていて，それぞれの軌道で，nで決まる式（2-4）のエネルギーをもつ。では，電子が多数存在する水素以外の元素の原子ではどのようになるであろうか。結論として，次のような修正や規則を加えればすべての元素の原子で，電子と電子の反発を取り入れることができ，電子のいるべき席が1s，2s，2p，・・・と決まっていて，そこにどのように電子が入っていると考えてよいことがわかった。この電子の入り方を**電子配置**あるいは**電子構造**という。

修 正 同じ n をもった軌道のエネルギーはもはやすべて同じエネルギーではなく，s 軌道＜ p 軌道＜ d 軌道＜ f 軌道の順でエネルギーは高くなる。ただし m_l だけが異なる p 軌道の 3 つの波動関数，d 軌道の 5 つの波動関数などは，方向が違うだけなので同じエネルギーをもつ。

規 則 電子はエネルギーの低い軌道に順に入るが，電子はそれぞれの波動関数に対して 2 個までしか入れない。2 個入る場合，電子のスピンの向きは逆，つまり↑と↓になる（パウリの排他原理）。

図 3-5 は軌道のエネルギーの大きさの順番だけを示したものである。原子番号が増えると原子核の電荷が増え，電子をより強く引き付けるのでエネルギーは全体に下がってくる。原子の大きさなどを比較するときには，このことを忘れてはならない。

「パウリの排他原理」は，「パウリの排他律」，「パウリの禁制原理」ともいわれる。2-3 節参照。

上の修正に従ってすべての元素の原子について，電子の席をエネルギー準位図にしたものを図 3-5 に示した。軌道のエネルギーが近いときには，元素によって上下が入れ替わることがあるが，ほぼ図 3-5 のようになっていることがわかった。ここで重要なことは 3d 軌道と 4s 軌道のようにエネルギーは必ずしも n の大きさの順になっていないことである。

(2) 電子配置

規則に従って図 3-5 のエネルギー準位に電子が詰まっていくようすを原子番号順にみていってみよう。以下の部分は周期表と見比べながら読んでいってほしい。H の次の He では 1s に 2 個入り，Li では 1s に 2 個と次にエネルギーの低い 2s に 1 個入る，電子 4 個の Be では 1s に 2 個，2s に 2 個である。この電子の入り方（電子配置）を，例えば He と Li では

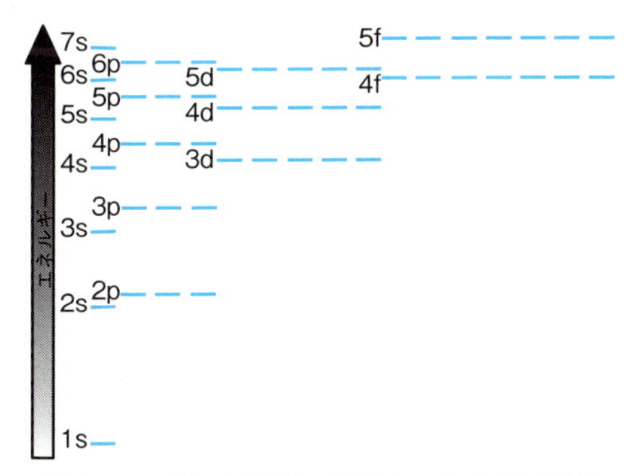

図 3-5 一般の原子中の電子のエネルギー準位

第 3 周期までの元素の電子配置を下に示す。

H: $1s^1$
He: $1s^2$
Li: $1s^2 2s^1$
Be: $1s^2 2s^2$
B: $1s^2 2s^2 2p^1$
C: $1s^2 2s^2 2p^2$
N: $1s^2 2s^2 2p^3$
O: $1s^2 2s^2 2p^4$
F: $1s^2 2s^2 2p^5$
Ne: $1s^2 2s^2 2p^6$
Na: $1s^2 2s^2 2p^6 3s^1$
Mg: $1s^2 2s^2 2p^6 3s^2$
Al: $1s^2 2s^2 2p^6 3s^2 3p^1$
Si: $1s^2 2s^2 2p^6 3s^2 3p^2$
P: $1s^2 2s^2 2p^6 3s^2 3p^3$
S: $1s^2 2s^2 2p^6 3s^2 3p^4$
Cl: $1s^2 2s^2 2p^6 3s^2 3p^5$
Ar: $1s^2 2s^2 2p^6 3s^2 3p^6$

第 4 周期の元素の電子配置を下に示す。

K: $1s^2 2s^2 2p^6 3s^2 3p^6 4s^1$
Ca: $1s^2 2s^2 2p^6 3s^2 3p^6 4s^2$
Sc: $1s^2 2s^2 2p^6 3s^2 3p^6 4s^2 3d^1$
Ti: $1s^2 2s^2 2p^6 3s^2 3p^6 4s^2 3d^2$
V: $1s^2 2s^2 2p^6 3s^2 3p^6 4s^2 3d^3$
Cr: $1s^2 2s^2 2p^6 3s^2 3p^6 4s^1 3d^5$
Mn: $1s^2 2s^2 2p^6 3s^2 3p^6 4s^2 3d^5$
Fe: $1s^2 2s^2 2p^6 3s^2 3p^6 4s^2 3d^6$
Co: $1s^2 2s^2 2p^6 3s^2 3p^6 4s^2 3d^7$
Ni: $1s^2 2s^2 2p^6 3s^2 3p^6 4s^2 3d^8$
Cu: $1s^2 2s^2 2p^6 3s^2 3p^6 4s^1 3d^{10}$
Zn: $1s^2 2s^2 2p^6 3s^2 3p^6 4s^2 3d^{10}$
Ga: $1s^2 2s^2 2p^6 3s^2 3p^6 4s^2 3d^{10} 4p^1$
Ge: $1s^2 2s^2 2p^6 3s^2 3p^6 4s^2 3d^{10} 4p^2$
As: $1s^2 2s^2 2p^6 3s^2 3p^6 4s^2 3d^{10} 4p^3$
Se: $1s^2 2s^2 2p^6 3s^2 3p^6 4s^2 3d^{10} 4p^4$
Br: $1s^2 2s^2 2p^6 3s^2 3p^6 4s^2 3d^{10} 4p^5$
Kr: $1s^2 2s^2 2p^6 3s^2 3p^6 4s^2 3d^{10} 4p^6$

$$\mathrm{He}: 1s^2 \qquad \mathrm{Li}: 1s^2 2s^1$$

のように書く。B から Ne までは順番に 2p 軌道に入る電子数が 1 個ずつ増えていく。2p 軌道には $m_l=-1$, 0, $+1$ の 3 つがあるのでそれぞれに電子 2 個の席があり，全部で 6 個の席があることを思い出してほしい。その結果，例えば C や Ne の電子配置は

$$\mathrm{C}: 1s^2 2s^2 2p^2 \qquad \mathrm{Ne}: 1s^2 2s^2 2p^6$$

となる。その後，Na と Mg で 3s が，Al から Ar までで 3p が満たされていく。次が水素と異なってくる。$n=3$ には d 軌道も存在するが，3d 軌道はエネルギーが高くなり，4s よりも上になる。その結果，K と Ca では 3d 軌道ではなく 4s 軌道に入ってゆく。その後，3d 軌道に入ってゆくわけである。3d 軌道には関数が 5 つあり，10 個の電子の席があるので Sc から Zn までで順次 3d 軌道に電子が入っていく。このようにひとつ n の大きい s 軌道に電子が入ったあと d 軌道に電子が入っていく元素を遷移元素という。ただし 12 族は d 軌道がすべて満たされていて性質が典型元素に近いので典型元素に分類されることもある。一方，s 軌道や p 軌道に電子が入っていくときの元素が典型元素である。このように例えば遷移元素である Ti や Fe では

$$\mathrm{Ti}: 1s^2 2s^2 2p^6 3s^2 3p^6 4s^2 3d^2 \qquad \mathrm{Fe}: 1s^2 2s^2 2p^6 3s^2 3p^6 4s^2 3d^6$$

となる。ところが例外もある。4s 軌道と 3d 軌道はエネルギーが近く，軌道が半分満たされたときと完全に満たされたときには 3d 軌道のエネルギーが低くなるため，Cr と Cu では

$$\mathrm{Cr}: 1s^2 2s^2 2p^6 3s^2 3p^6 4s^1 3d^5 \qquad \mathrm{Cu}: 1s^2 2s^2 2p^6 3s^2 3p^6 4s^1 3d^{10}$$

のように 4s 軌道の電子 1 個が 3d 軌道に移って 3d 軌道が半分（5 個，半閉殻という）あるいは完全に（10 個，閉殻という）電子で満たされた配置をとる。3d 軌道が完全に満たされたあとは次に 4p 軌道にはいっていく。このように 4p，5s と入っていく Ga から Sr までは典型元素であり，4d に入っていく Y から Cd までは遷移元素，5p，6s に入る In から Ba までは典型元素である。

Ba の次にはもう 1 つ異なった種類の元素が現れる。それは $n=4$ か

周期＼族	1	2	3	4	5	6	7	8	9	10	11	12	13	14	15	16	17	18
1	1s																	1s
2	2s												2p					
3	3s												3p					
4	4s		3d										4p					
5	5s		4d										5p					
6	6s		■	5d									6p					
7	7s		■	6d									7p					

ランタノイド	(5d)	4f	5d
アクチノイド	(6d)	5f	6d

図 3-6 軌道と周期表の関係

ら存在するようになる f 軌道，つまり**4f 軌道が 6s 軌道と 5d 軌道の間にある**からである。そのため La から Lu までは 4f 軌道にはいっていく元素で，内遷移元素のランタノイド系列と言われる。その後，5d 軌道に入る遷移元素，6p，7s 軌道に入る典型元素，そして 5f 軌道に入ってゆく内遷移元素のアクチノイド系列と続く。

f 軌道には 7 つの席があり入れる電子は 14 個である。しかし La と Ac は遷移元素から欄外に取り出され，内遷移元素はそれぞれの系列で 15 個になる。

各元素の原子に電子を下から詰めていくと最後の電子が入る軌道を周期表に示したものが図 3-6 である。図 3-5 のエネルギー準位から導かれる電子の詰まり方にしたがって周期表がきれいに作成されていることがわかる。**周期が異なるだけで s，p，d，f 軌道に同じように詰まっている元素が似た性質をもつ**ため，周期表によって性質の似た元素のグループ，例えば希ガスなどがまとまって示されることになる。

電子配置についてまとめると，上の方法で典型元素の電子配置は完全に予想することができる。しかし 3d 軌道の遷移元素の Cr と Cu のように遷移元素や内遷移元素はかなり不規則になる。特に，n が大きくなると軌道の間のエネルギー差が小さくなってくるので，3d 軌道の遷移元素に例外が 2 つしかなかったのに対し，ますます例外が多くなり不規則になってくる。

2 章の図 2-6 の水素原子のエネルギー準位のように，エネルギーが $-1/n^2$ に比例すると，n が大きくなるほど間隔が狭くなる。また，n が大きくなるほど，s，p，d と軌道の数も増えてきてますます準位は混み合ってくる。

例題 3-4 **アルミニウム Al，セレン Se，モリブデン Mo の電子配置を $1s^2 2s^2$・・・のように示せ。ただし Mo は 5s 軌道に電子 1 個をもつ。**

解答 Al と Se は典型元素だから図 3-5 の軌道に下からつめてゆけばよい。

Al：$1s^2 2s^2 2p^6 3s^2 3p^1$　　Se：$1s^2 2s^2 2p^6 3s^2 3p^6 4s^2 3d^{10} 4p^4$

Mo は遷移金属であるが，5s 軌道の電子数がわかっているので

$$Mo：1s^2 2s^2 2p^6 3s^2 3p^6 4s^2 3d^{10} 4p^6 5s^1 4d^5$$

Mo は Cr と同じように d 軌道が半分つまって安定になっている。

ここで同じ n をもつ s，p，d，・・・軌道のエネルギーがこの順で高くなる理由を説明する。電子配置について説明したように電子は低いエネルギーの準位から入ってゆくが，より低いエネルギーの関数は原子核の近くに大きな存在確率をもち，ちょうど原子核は服を重ね着していくように電子に覆われてゆく。その結果，外側の電子はこの内側の電子に覆われた原子核の引力を受けることになり，もともと原子核がもっていた電荷を直接受けないようになる。これを**遮蔽効果**という（図 3–7）。一例として Na 原子を考えると，原子番号 11 の Na の電子配置は $1s^2 2s^2 2p^6 3s^1$ である。Na の原子核は＋11 の電荷をもつので，最も内側にあって原子核を取囲んでいる 1s 軌道の電子は，＋11 の電荷で核に引き付けられている。ところが最も外側の 3s 軌道の電子から原子核を見ると，核は内側の 1s，2s，2p の 10 個の電子に覆われている。電子はマイナスの電荷をもつので原子核のプラスの電荷は打ち消されて，＋2.8 程度で引き寄せられているに過ぎない。この遮蔽効果で減少した核の電荷を**有効核電荷**という。有効核電荷は 1 つの原子内でも軌道によって異なり，Na 原子の 3s 軌道では＋2.8 であるが，2p 軌道では＋7 程度，1s 軌道では＋11 に近くなる。この有効核電荷が同じ n をもつ軌道であってもs，p，d，f 軌道で異なるのである。一般に s 軌道の電子雲は内側

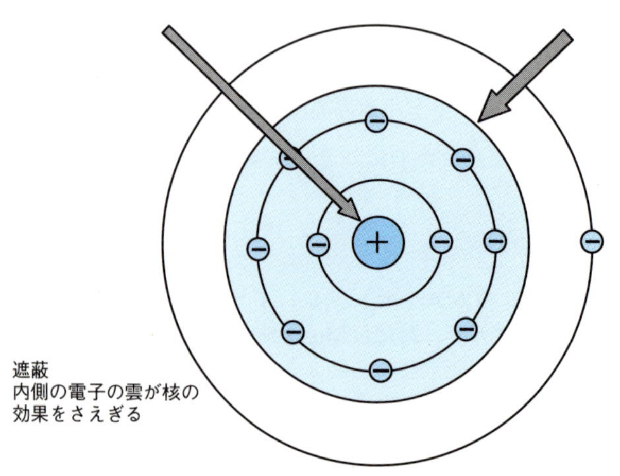

図 3–7　遮蔽による電子の核から受ける力の変化

の核近くまで広がって（浸透して）いる。この内側への浸透は p，d，f となるにつれて小さくなり，内側に浸透しているときには強く原子核に引き寄せられて（つまり有効核電荷が大きくなって）おり，電子雲全体としても s，p，d，f 軌道の順で有効核電荷が小さくなっていく。有効核電荷が小さくなると核に引きつけられる力が弱まり，電子のエネルギーは大きくなる。

(3) 電子のスピン

最後に B，C，N 原子を例にとって電子の詰まり方を詳しくみてみよう。C の電子配置は既に述べたが，B と N は

$$\mathrm{B}: 1s^2 2s^2 2p^1 \qquad \mathrm{N}: 1s^2 2s^2 2p^3$$

となる。ここで問題となるのは 2p 軌道に 3 つの波動関数があることで，どの波動関数に入るのかという疑問であるが，これはどこに入っても同じであり，区別して考えることはできない。もともと x，y，z 軸は勝手に決めたものである。また，電子のスピンの向きが上か下かという問題も，これも上下は勝手に決めたものであるので意味がない。そこで，B 原子の詰まり方を詳しく書くと

B：　1s $\underline{\uparrow\downarrow}$　2s $\underline{\uparrow\downarrow}$　2p $\underline{\uparrow\ \ }$　$\underline{\ \ \ \ }$　$\underline{\ \ \ \ }$

となる。2 個入っている 1s と 2s ではスピンは逆向きでなければならないので一通りに決まる（$\underline{\uparrow\downarrow}$と$\underline{\downarrow\uparrow}$は同じ状態である。普通$\underline{\uparrow\downarrow}$と書く）。2p の電子はどこに書いても，矢印の向きも自由であるが，普通一番左に上向きで書く。

では，2p の電子数が 2 個，3 個となった C と N はどのようになるのであろうか。これは**フントの規則**，電子は可能な限り異なった状態（波動関数）をもち，スピンの方向は同じになる，として知られた配置になることがわかっている。この規則から

> フントの規則はもっと一般に分子にも適用できる。5 章では酸素分子 O_2 の例を紹介する。

C：　1s $\underline{\uparrow\downarrow}$　2s $\underline{\uparrow\downarrow}$　2p $\underline{\uparrow\ \ }$　$\underline{\uparrow\ \ }$　$\underline{\ \ \ \ }$

N：　1s $\underline{\uparrow\downarrow}$　2s $\underline{\uparrow\downarrow}$　2p $\underline{\uparrow\ \ }$　$\underline{\uparrow\ \ }$　$\underline{\uparrow\ \ }$

と書くことができる。C で 2p $\underline{\uparrow\ \ }$　$\underline{\ \ \ \ }$　$\underline{\uparrow\ \ }$ の配置は，2p の 3 つの波動関数が区別できないので同じである。N から後の O，F，Ne では，それぞれの波動関数で残っている場所も 1 つであり，スピンの向

きは逆向きでなければならないことから，入り方も決まる。このフントの規則はd軌道など同じエネルギーをもつ波動関数が複数存在するときには必ず成り立つ。このような詳しい電子の状態は最も大きなnをもつ軌道で特に重要である。より小さなnの軌道は電子が完全につまっているので，すべての状態で2個の電子のスピンが逆向きに入っている。このように最も大きなn，つまり最外殻で電子が完全に詰まっていないものを**原子価殻**という。原子価殻は結合をつくるときに重要な働きをする。

確認　スピンも含めた原子価殻の電子配置を描くことができるか。

例　題3-5　硫黄原子Sとゲルマニウム原子Geの原子価殻についてスピンの向きを含めた詳しい電子配置を示せ。また，コバルト原子Coの3d軌道のスピンの向きを含めた詳しい電子配置を示せ。

解　答　硫黄は原子番号16より，電子配置は$1s^2 2s^2 2p^6 3s^2 3p^4$だから原子価殻はn=3のM殻。そこで3sと3p軌道の電子についてフントの規則からできるだけ別の状態に入るとすると

3s　↑↓　3p　↑↓　↑　↑

ゲルマニウムは原子番号32より，電子配置は$1s^2 2s^2 2p^6 3s^2 3p^6 4s^2 3d^{10} 4p^2$だから原子価殻は$n$=4のN殻。そこで4sと4p軌道の電子についてフントの規則からできるだけ別の状態に入るとすると

4s　↑↓　4p　↑　↑　＿

コバルトは原子番号27より，電子配置は$1s^2 2s^2 2p^6 3s^2 3p^6 4s^2 3d^7$となる（第4周期の遷移元素の例外はCrとCuだけ）。3d軌道には7個の電子が存在し，フントの規則からできるだけ別の状態に入るとすると

3d　↑↓　↑↓　↑　↑　↑

3-3 原子半径，イオン化エネルギー，電子親和力

(1) 原子半径

代表的な原子の性質として大きさを考えてみよう。原子の大きさは水素原子が最も小さく半径は0.04 nmである。大きな原子でも0.3 nm程度であり，ほぼ10^{-10} m=0.1 nm程度ある。最初に水素原子の大きさを考えてみよう。1章で述べたように原子核はずっと小さく10^{-15} m程度であるが，その周りの電子は図3-2のように広がっている。図からわかるように原子は球形であるが，はっきりとした境界があるわけではなく，ぼんやりとしているので球の半径が定まっているわけではない。そこで

便宜的に水素分子 H_2 を考えると，H_2 分子中では 2 つの原子核間の距離は平均* で 0.0751 nm である。このことから，H_2 分子を水素原子 H の固い球 2 個が接したものであると考えると，水素原子 H の**原子半径**は 0.0376 nm となる。このようにして，化合物をほとんど作らない希ガス元素を除いて，おおよその各原子の半径を決めることができる。ただし，H の原子半径に C の原子半径を加えると C−H の核間距離に近い値にはなるが完全に一致するわけではなく，また，C−H の核間距離は CH_4 と C_2H_6 でも異なるので，原子半径はあくまでおおよその値であることを忘れてはならない。

* 電子と同じように原子核も少しぼやけていて距離は平均値として得られる。ただ質量の大きい原子核のぼやけは小さいのでここでは無視してよい。

では，図 3−2 の電子雲の広がりを与えているものは何であろうか。原子核の＋の電荷は電子の−の電荷を引きつけており，何か電子雲を広げるような「力」が必要であるが，原子の世界で働く力は電磁気力以外にはないのでこれだけでは原子は潰れてしまう。

電子雲の広がりを支えているのは，電子が波であるという事実である。ドブロイ波の波長は式（2−5）で与えられるが，電子が原子核に引き寄せられて狭い空間に閉じ込められると，波長 λ はその閉じ込められた空間の大きさ以上の値はとることができない。式（2−5）から，λ が短くなると速度 v が大きくなることがわかる。運動エネルギーは $mv^2/2$ であるので，結局，電子が核に引きつけられて狭い範囲に閉じ込められるほど，エネルギーが大きくなる。エネルギーが低いほうが安定であるから，以上ことは，電子に広がろうとする傾向をあたえることがわかる。このように水素原子の大きさは，核の電子を引きつける力とこの電子が波であるために広がろうとする性質のバランスから決まる。

たいへんわかりにくいかもしれないが，この電子の広がろうという性質が，おそらく電子が波であることから導かれる最も重要なものである。

一般の原子では，パウリの排他原理も大きさに関係する。各軌道に入ることのできる電子数は決まっているので，電子が増えればよりエネルギーの高い軌道に入らなければならなくなり，n の大きい軌道ほど電子雲は原子核から離れるので，電子が外側の軌道に入り始めるとき，つまり，周期表で次の周期に移ったとき原子は急に大きくなる。

図 3−8 に原子半径を原子番号順で示した。単調な変化ではないが，周期ごとにみると原子番号が大きくなるにつれて半径は小さくなっており，原子核の電荷の増加によって電子雲が引きつけられていることがわかる。一方，次の周期に移ったときには急激に大きくなり，次の殻の電子雲が外側に重なったことによって大きくなることがわかる。同じ周期で原子番号が大きくなると，大きさは逆に小さくなることをしっかり理解してほしい。

電子数が増えると大きくなりそうであるが，同じ周期では原子番号の大きい方が逆に原子は小さくなることをしっかり覚えておいてほしい。

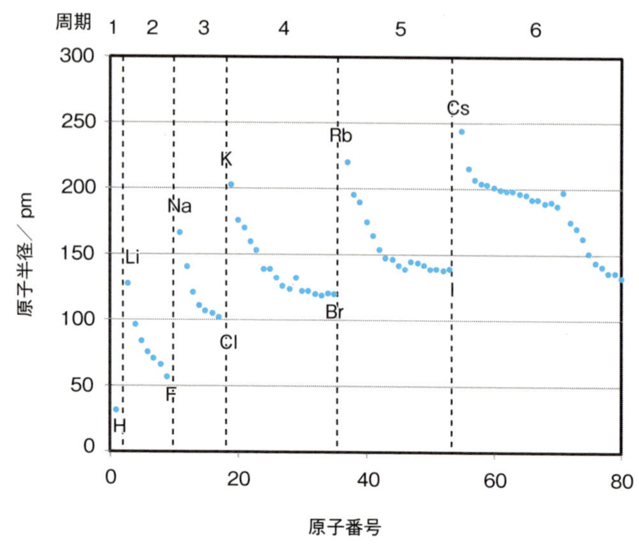

図 3-8　原子半径の原子番号による変化

陽イオンと陰イオンの半径，括弧内は原子半径（nm 単位）

Li^+:　0.060(0.135)
Na^+:　0.095(0.154)
Ca^{2+}:　0.099(0.174)
Fe^{2+}:　0.076(0.126)
Fe^{3+}:　0.064(0.126)
Cu^+:　0.096(0.128)
Cu^{2+}:　0.069(0.128)
O^{2-}:　0.140(0.066)
F^-:　0.136(0.064)
Cl^-:　0.181(0.099)

例題3-6　C，F，Si，Ca，Rb を原子半径の小さい順に並べよ。

解答　周期表で右から左に大きくなり，上から下に大きくなることから，C>F，Si>C がわかる。左下にいくと大きくなるので，Ca>Si，Rb>Ca となる。まとめると小さい方から順に F→C→Si→Ca→Rb となる。

最後に陽イオンと陰イオンの大きさは，欄外にいくつかのイオンの半径を原子の大きさとともに示したが，簡単には，陽イオンでは原子のおよそ半分になり，陰イオンではおよそ 2 倍になる。また，Fe や Cu のように 2 種類以上の電荷の異なる陽イオンでは，電荷が大きいほうが小さい。イオンの半径は結晶中の陽イオンと陰イオンの距離から決められている。

(2) イオン化エネルギー

イオン化エネルギーは原子 A などから電子 e を 1 個取り除くのに必要なエネルギーである。電子は次々と取り除けるので

$$A \rightarrow A^+ + e \rightarrow A^{2+} + 2e \rightarrow A^{3+} + 3e \rightarrow \cdot\cdot\cdot \qquad (3\text{-}1)$$

のそれぞれの段階について必要なエネルギーが存在し，イオン化エネルギーが定義される。$A \rightarrow A^+ + e$ に必要なエネルギーを第 1 イオン化エネルギー，$A^+ \rightarrow A^{2+} + e$ に必要なエネルギーを第 2 イオン化エネルギーといい，以下第 3，第 4 と続く。注意しなければならないのは $A \rightarrow A^{2+} + 2e$ とするには第 1 イオン化エネルギーと第 2 イオン化エネルギーを加えたエネルギーが必要となることである。

イオン化エネルギーは，式（3-1）の変化に必要なエネルギーとして厳密に定義されているものである。ここで原子Aは周りに何もない状態，つまり希薄な気体状態で定義されており，これは最近の技術では真空容器を用いて比較的簡単に実現でき，イオン化エネルギーも測定できる。例えばCaの第1〜第4イオン化エネルギーは，それぞれ590，1146，4913，6475 kJ mol^{-1}であり，このとき生成するイオンはCa^{+}，Ca^{2+}，Ca^{3+}，Ca^{4+}である。このうち水溶液中や結晶中で安定なイオンはCa^{2+}だけであり，CaのイオンはCa^{2+}と覚えているかもしれないが，なじみのないCa^{+}，Ca^{3+}，Ca^{4+}なども真空中では存在することを覚えておいてほしい。Caの第1〜第4イオン化エネルギーを比べると，第3イオン化エネルギーで急に大きくなっていることがわかる。これはCaの電子配置は$1s^2 2s^2 2p^6 3s^2 3p^6 4s^2$であり，第1イオン化，第2イオン化で4s軌道の電子がなくなり，Ca^{2+}の電子配置は$1s^2 2s^2 2p^6 3s^2 3p^6$となるため，次にはずっと強く核に引きつけられている3p軌道の電子を取り去る必要があるためである。水溶液中では水分子による安定化によって第1イオン化，第2イオン化が容易に起こり，これ以上イオン化することが難しいCa^{2+}の形でだけ存在することになる。

この2種類のイオンを，ここでは物理や物理化学分野で用いられている方法に従って区別する。すなわち，溶液や結晶中に安定に存在するCa^{2+}，Na^{+}，Cl^{-}などを陽イオン，陰イオンといい，気体中に存在するCa^{+}，Na^{2+}，O^{-}などを正イオン，負イオンという。

例題3-7 **第2周期のある元素Aのイオン化エネルギーを右の表に示した。A^{+}から電子を2個取り除きA^{3+}を生成するためには1 molあたり何kJ必要か。また，この元素は何か。**

第1イオン化エネルギー	800 kJ mol^{-1}
第2イオン化エネルギー	2430 kJ mol^{-1}
第3イオン化エネルギー	3659 kJ mol^{-1}
第4イオン化エネルギー	25020 kJ mol^{-1}

解答 $A^{+}\rightarrow A^{2+}$に2430 kJ mol^{-1}，$A^{2+}\rightarrow A^{3+}$に3659 kJ mol^{-1}必要だから2430 kJ mol^{-1}＋3659 kJ mol^{-1}＝6089 kJ mol^{-1}が必要。

この元素は第4イオン化エネルギーが急に大きくなっているので電子3個が取り除き易い。つまり価電子数が3。第2周期であることから価電子数が3個の元素はホウ素B。

確認 第一イオン化エネルギー，第二イオン化エネルギーなどの意味は理解できているか。イオン化エネルギーはどのようなときに大きくなるか。

図3-9に第1イオン化エネルギーが原子番号によってどのように変化するかを示した。複雑な変化を示しているが，おおよその傾向は原子半径の逆になっていることがわかる。同じ周期では原子番号が増えるにつれてイオン化エネルギーも大きくなり，次の周期に移ると急激に小さくなる。これは，原子半径が大きくなると，外側の電子があまり強く核に引きつけられていないため取り除きやすくなる，ということを考えれば理解できるであろう。

図3-9を詳しく見てみると，典型元素と遷移元素で傾向が異なることがわかる。典型元素では上に述べた傾向をよく示しているが，遷移元素

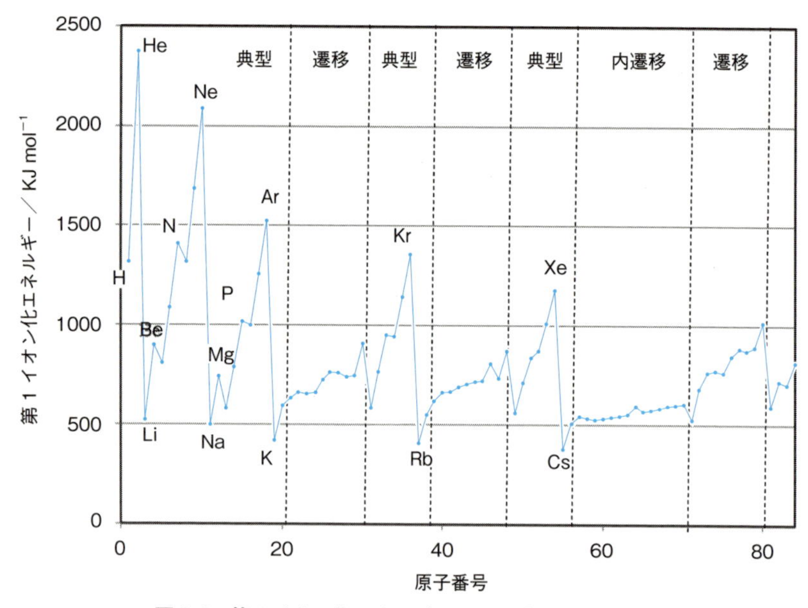

図 3-9　第1イオン化エネルギーの原子番号による変化

は緩やかに大きくなっていくだけである。この遷移元素の性質はd軌道の電子の遮蔽効果によるものである。遷移元素では次の殻のs軌道に電子が存在し，この電子の取り除き易さがイオン化エネルギーを決めているが，原子番号が1つ増えて原子核の電荷が1増えても，この増えた効果が最外殻のs軌道より内側のd軌道の電子が1つ増えることによって遮蔽効果が大きくなり消されてしまうのである。

不規則になっているところもある。第2周期ではBeとN，第3周期ではMgとPが次の元素よりも大きな値になっている。BeとMgのイオン化エネルギーが大きいのは，BeとMgではそれぞれ2sと3s軌道の電子を取り除く必要があるが，次のBとAlではよりエネルギーの高い，つまり取り除きやすい2pと3p軌道の電子をとりのぞけばいいからである。NとPのイオン化エネルギーが高いことについては，3d軌道の遷移元素の電子配置の例外のCrの説明を思い出してほしい。3d軌道が半分5個の電子でちょうど半分満たされたときに安定であるように，2pあるいは3p軌道も3個の電子でちょうど半分満たされたときに安定になる。これがNとPであり，ちょうど半分満たされて安定な状態から電子を取り除くためイオン化エネルギーが大きくなる。

(3) 電子親和力

真空中の原子Aに電子を加えると，電子が付加してA^-になり，このときエネルギーが放出されることがある。このエネルギーを**電子親和力**という。

$$A+e \longrightarrow A^- + (エネルギー) \qquad (3\text{-}2)$$

つまり電子親和力は$A+e$とA^-のエネルギー差で定義され，A^-のほうが安定なときプラスの値をもつ。電子親和力もイオン化エネルギーと同じように厳密に定義された量であるが，イオン化エネルギーに比べて測定が難しく，特にマイナスの値であるときにはA^-のほうが$A+e$よりもエネルギーが高いのですぐに電子を放出してしまうので測定値が得られない。また，A^-への電子の付加過程は，イオンのマイナスの電荷と電子のマイナスの電荷が反発しあうので起きないため，イオン化エネルギーと異なって第2，第3電子親和力などは存在しない。

図3-10に電子親和力が原子番号によってどのように変化するかを示した。点の存在しない元素は電子親和力がマイナスであり信頼できる測定値が存在しない元素である。電子親和力の特徴としては17族のハロゲンが最も大きく，次に16族が大きいことである。

ここで述べたイオン化エネルギーや電子親和力の定義はそのまま分子にも適用できる。

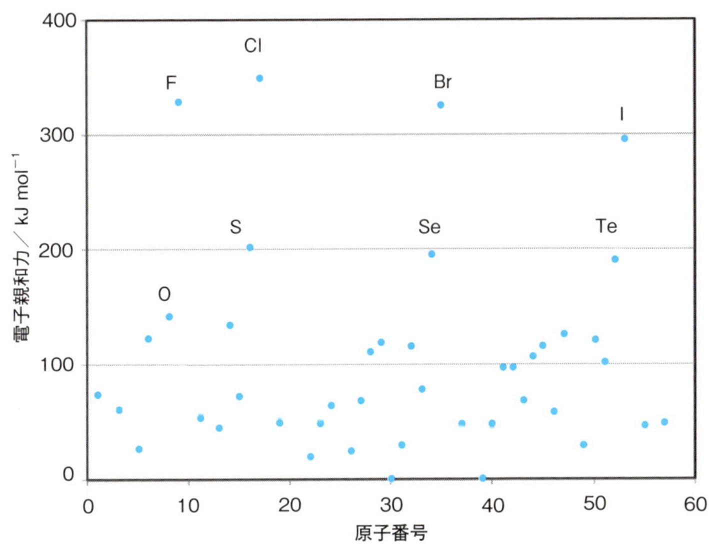

図3-10　電子親和力の原子番号による変化

例題3-8　Br原子の電子親和力は325 kJmol^{-1}，Br_2分子の電子親和力は250 kJ mol^{-1}である。また，Br_2分子の結合エネルギーは190 kJ mol^{-1}である。BrとBr^-が結合してBr_2^-イオンができるときの結合エネルギーを求めよ。

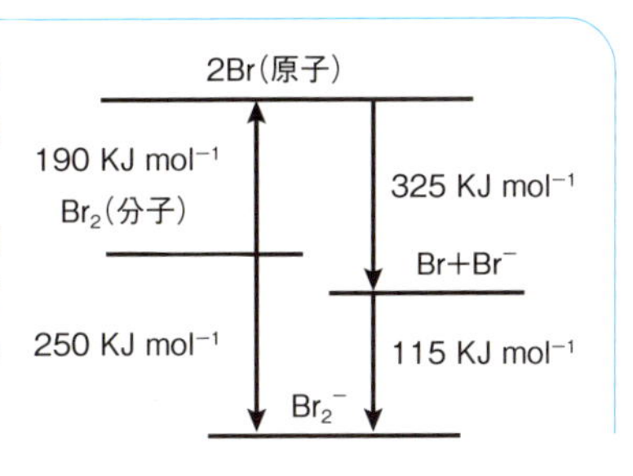

解答　エネルギー関係は右の図のようになる。Br_2^-の結合エネルギーは
(250＋190－325) kJ mol^{-1}＝115 kJ mol^{-1}

3-4 水素原子中の電子のシュレディンガー方程式の解

微分方程式の解き方に関係するので少し発展的内容であるが，ここで水素原子中の電子の**波動関数**について説明する。

水素原子中の電子のシュレディンガー方程式を解くには，最初に座標を変える必要がある。空間中のポテンシャル V (x, y, z) は一般的に x, y, z の関数で表されているが，水素原子中の電子のポテンシャル V (r) は原子核を中心とした球対称であり，原子核と電子の距離 r だけに依存している($r=\sqrt{x^2+y^2+z^2}$)。

$$V(r) = -\frac{\varepsilon_0 e^2}{r} \tag{3-3}$$

ここで ε_0 は真空の誘電率，e は電気素量である。そこで座標として**球座標**（図 3-11）を用い，距離 r と，角度として θ と ϕ を変数とするとシュレディンガー方程式を解くことができる。x, y, z を r, θ, ϕ で表すと

$$\begin{aligned} x &= r\sin\theta\cos\phi \\ y &= r\sin\theta\sin\phi \\ z &= r\cos\theta \end{aligned} \tag{3-4}$$

となる。シュレディンガー方程式を解く方法は解説しないが，上の変数

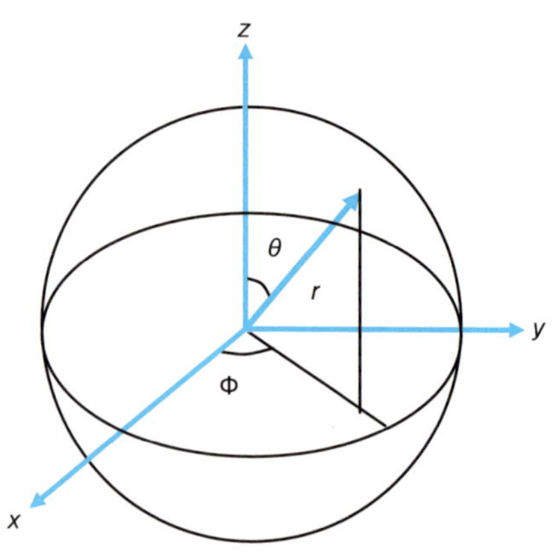

図 3-11　球座標 r, θ, ϕ

変換によって，下の式（3–5）のエネルギーのときにだけ解が存在し，波動関数が r，θ，ϕ の関数として得られることを知っておいてほしい。特に，波動関数 $\Psi(r,\ \theta,\ \phi)$ は距離 r に依存する関数 $R(r)$ と角度 θ，ϕ に依存する関数 $Y(\theta,\ \phi)$ の積の形で得られる。

シュレディンガー方程式を解くと解が存在するエネルギーは

$$E_n = -\frac{\mu e^4}{8\varepsilon_0^2 h^2}\frac{1}{n^2} = -2.18\times10^{-18}\ \mathrm{J}\times\frac{1}{n^2} \qquad (3\text{–}5)$$

となり，観測されたエネルギーの式（2–4）に一致する。ここで e と ε_0 は式（3–3）の電荷素量と真空の誘電率である。μ は**換算質量**と呼ばれるもので，水素原子核（陽子）と電子の質量を m_p，m_e とすると $m_p m_e/(m_p+m_e)$ である（電子より陽子のほうがずっと重いのでほぼ電子の質量になる）。

換算質量は

$$\mu = \frac{m_e m_p}{m_e + m_p} = m_e\left(1 - \frac{m_e}{m_e + m_p}\right)$$

となり，m_e は m_p よりずっと小さいので μ は m_e より少し小さい値となる。式（3–5）の $1/n^2$ の前の係数の μ を m_e に置き換えたものをリュードベリ定数といい，式（3–5）の係数はリュードベリ定数より少し小さくなる。これは水素原子中で電子が動くとき，原子核も少し動くためである。

式（3–5）で $n=1$ としたときのエネルギーに対する波動関数はただ1つだけ存在し

$$\Psi_{1s}(r,\ \theta,\ \phi) = \frac{1}{a_0\sqrt{\pi a_0}}\mathrm{e}^{-r/a_0} \qquad (3\text{–}6)$$

となる。ここで a_0 は**ボーア半径**と呼ばれるもので，$a_0 = 0.0529\ \mathrm{nm}$ である。波動関数（3–6）は r だけの関数であり，これは $Y(\theta,\ \phi)$ が定数であることを示している。この $Y(\theta,\ \phi)$ が定数である軌道（ボーアが電子は円軌道を描いて運動すると考えたこととの関連で電子の波動関数を軌道とよぶ）が $l=0$，$m_l=0$ でありs軌道となる。$n=1$ であるので（3–6）が1s軌道の波動関数であり，エネルギーは式（3–5）で $n=1$ とした -2.18×10^{-18} J である（1s軌道を電子の存在確率で表した電子雲が図3–2）。

例題3-9 **真空の誘電率 $\varepsilon_0 = 8.854\times10^{-12}\ \mathrm{F\ m^{-1}}$ は単位を変えると $8.854\times10^{-12}\ \mathrm{C^2J^{-1}m^{-1}}$ となる。裏見返しの物理定数表を用い，式（3–5）の係数を有効数字4桁で計算して 2.18×10^{-18} J になることを示せ。**

解答 換算質量は陽子と電子の質量を用いて

$$\mu = \frac{9.109\times10^{-31}\ \mathrm{kg}\times1.673\times10^{-27}\ \mathrm{kg}}{(9.109\times10^{-31}\ \mathrm{kg}+1.673\times10^{-27}\ \mathrm{kg})} = 9.104\times10^{-31}\ \mathrm{kg}$$

となり，電子の質量に極めて近い。

$$\frac{\mu e^4}{8\varepsilon_0^2 h^2} = \frac{9.104\times10^{-31}\ \mathrm{kg}\times(1.602\times10^{-19}\ \mathrm{C})^4}{8\times(8.854\times10^{-12}\ \mathrm{C^2J^{-1}m^{-1}})^2\times(6.626\times10^{-34}\ \mathrm{J\ s})^2}$$

$$= 2.178\times10^{-18}\frac{\mathrm{kg\ C^4}}{\mathrm{C^4J^{-2}m^{-2}J^2s^2}}$$

$$= 2.178\times10^{-18}\ \mathrm{J}\ (\mathrm{J} = \mathrm{kg\ m^2\ s^{-2}})$$

Fはコンデンサーの容量を表わす「**ファラッド**」という単位である。ファラディ定数と混同しないよう注意してほしい。$1\ \mathrm{F} = 1\ \mathrm{C\ V^{-1}} = 1\ \mathrm{C\ (J\ C^{-1})^{-1}} = 1\ \mathrm{C^2J^{-1}}$ である。

となり，式（3-5）の値が得られる。

$n=2$ の場合には波動関数は1つだけではなく，4つ存在し

$$\Psi_{2s}(r,\ \theta,\ \phi)=\frac{1}{4a_0\sqrt{2\pi a_0}}\left(2-\frac{r}{a_0}\right)e^{-r/2a_0} \tag{3-7}$$

$$\Psi_{2p_x}(r,\ \theta,\ \phi)=\frac{1}{4a_0^2\sqrt{2\pi a_0}}e^{-r/2a_0}r\sin\theta\cos\phi \tag{3-8}$$

$$\Psi_{2p_y}(r,\ \theta,\ \phi)=\frac{1}{4a_0^2\sqrt{2\pi a_0}}e^{-r/2a_0}r\sin\theta\sin\phi \tag{3-9}$$

$$\Psi_{2p_z}(r,\ \theta,\ \phi)=\frac{1}{4a_0^2\sqrt{2\pi a_0}}e^{-r/2a_0}r\cos\theta \tag{3-10}$$

となる。式（3-7）は r だけの関数であり，s軌道であることがわかる。これが2s軌道である（図3-3）。この電子雲は球対称であり，$l=0$, $m_l=0$ であるが，$n=2$ であるため1s軌道とは異なり途中 $r=2a_0$ に球面の存在確率が0となる節が存在する。エネルギーは式（3-5）で $n=2$ とした $-2.18\times10^{-18}\,\mathrm{J}/4=-5.45\times10^{-19}\,\mathrm{J}$ である。

式（3-8）〜（3-10）は，式（3-4）と比べると θ と ϕ を含む角度部分がそれぞれ x, y, z になっていることがわかる。これらの軌道が $l=1$, $m_l=-1$, 0, 1のp軌道に対応し，この3つの軌道を2p軌道（$2p_x$, $2p_y$, $2p_z$）という。これらの波動関数から得られる電子雲（図3-4）は $2p_x$ は yz 面で，$2p_y$ は xz 面で，$2p_z$ は xy 面で存在確率が0になり節になっている。エネルギーはすべて2s軌道と同じ -5.45×10^{-19} J である。

量子数の例としては2章の箱の中の粒子の計算で現れた n_x, n_y, n_z があるが，球対称である水素原子の場合は，量子数は n, l, m_l の3つになる。量子数が3つであることは電子が3次元空間内で運動しているためであり，これは箱の中でも水素原子でも変わらないが，それぞれの量子数の意味は箱の中と水素原子では異なるので記号も違ってくる。

$n=3$ 以上の波動関数はここでは示さないが，$n=3$ では1つの3s軌道，3つの3p軌道に加えて5つの3d軌道が解になる。エネルギーはすべて -2.18×10^{-18} J／9となる。$n=4$ の場合には1つの4s軌道，3つの4p軌道，5つの4d軌道に加えて7つの4f軌道が得られる。このように n が増えると（s)→(s, p)→(s, p, d)→(s, p, d, f）と軌道の種類が増えていく。しかし，s軌道の関数は常に1つであり，p軌道は3つ，d軌道は5つ，f軌道は7つである。

節の数について考えてみよう。節は波動関数 $\Psi(r, \theta, \phi)=0$ になる面（この場合は3次元であるから面になる）であり，$\Psi(r, \theta, \phi)$ は $R(r)$ と $Y(\theta, \phi)$ の積の形なので，$R(r)=0$ と $Y(\theta, \phi)=0$ のそれぞれが節の面を与える。$R(r)=0$ の面は球面になり，$Y(\theta, \phi)=0$ の面は原点を通る面になる。$Y(\theta, \phi)=0$ から得られる原点を通る節の面の数は量子数 l と等しい。

水素原子中の電子の軌道の最後に，重要なものとして**縮退**（縮重ともいう）について説明する。1つのエネルギーに2つ以上の波動関数の解があるとき「縮退している」といい，例えば波動関数式（3–7）〜(3–10）は同じエネルギーをもっているので，これを4重に縮退しているという。2重に縮退していて，波動関数が Φ_1 と Φ_2 であるとき，それぞれに定数をかけて加えたもの $c_1\Phi_1+c_2\Phi_2$（c_1，c_2 は定数）も解になる。例えば，式（3–8）と（3–9）の関数を Φ_1 と Φ_2 に選んで $c_1=1$，$c_2=i$（i は虚数単位）として $c_1\Phi_1+c_2\Phi_2$ を計算すると，角度 ϕ に関係する部分は $\cos\phi+i\sin\phi=e^{i\phi}$ となる。また，$c_1=1$，$c_2=-i$ として計算すると $\cos\phi-i\sin\phi=e^{-i\phi}$ となる。このように式（3–8）と（3–9）の関数の代わりに，角度 ϕ に関係する部分を $e^{i\phi}$ と $e^{-i\phi}$ としたものを用いてもよい（実際には $\sqrt{2}$ で割っておく必要がある）。実際，2p 軌道で量子数 $m_l=1$ の関数は $e^{i\phi}$ としたものであり，$m_l=-1$ の関数は $e^{-i\phi}$ としたものである（$m_l=0$ の関数は式（3–10））。エネルギーが同じで縮退している場合や，もっと広くエネルギーが近い場合には波動関数や電子雲は互いに混ざり合うことができることを覚えておいてほしい。

コラム　プランク定数の意味

本文で説明したように，原子の大きさは原子核の電子を引きつける力と電子が波であるために広がろうという性質のバランスで決まっている。この広がろうとする性質を導いたドブロイ波長の式にはプランク定数が含まれており，もしこの定数がもっと大きい値であったとすると同じ速度，つまり同じエネルギーであっても波長が長くなってしまい，原子核の電子を引きつける力とバランスする原子の大きさはもっと大きくなってしまう。大きな部品を集めて作ったものは，細かな部品を集めて作ったものに比べて粗雑であろう。プランク定数は我々の世界の精密さを決めている定数ということになる。

同じようなことは2章で説明した不確定原理にも現れている。プランク定数が大きくなるとそれだけ不確かさが増し，この世界が粗っぽいものになる。今後，統計力学を勉強するとわかるが，プランク定数は我々の世界の解像度を決めている定数であり，プランク定数が大きくなるとそれだけ解像度が悪くなる。神様はこの程度の解像度でいいだろうということでプランク定数を決めたのかもしれない。

章末問題

1）4p 軌道および 6f 軌道の節の数の合計とそのうちの球面の節の数はいくらか。

2）同じ金属であっても原子番号の小さいマグネシウムやアルミニウムは軽

く（比重が小さく），鉄や金のように原子番号が大きくなると重く（比重が大きく）なる。図3-8を用いてこのことを説明せよ。

3) 以下のそれぞれの元素を示された性質の順に並べよ。

(a) B，N，F，Mg，Caの原子半径

(b) C，N，O，F，Neの第1イオン化エネルギー

(c) Cl，O，Naの電子親和力

4) 以下の原子やイオンを示された性質の順に並べよ。

(a) K，Fe，Fe^{2+}，Fe^{3+}，Rbの原子（イオン）半径

(b) Mg，Al，P，S，Clの第1イオン化エネルギー

5) 右の表はベリリウムBeのイオン化エネルギーを示したものである。

第1イオン化エネルギー	900 kJ mol^{-1}
第2イオン化エネルギー	1757 kJ mol^{-1}
第3イオン化エネルギー	14840 kJ mol^{-1}
第4イオン化エネルギー	21000 kJ mol^{-1}

(a) 2000 kJのエネルギーでBeから電子を2個取り除きBe^{2+}を生成した。何molのBe^{2+}が得られるか。

(b) 原子から電子を除いてイオン化していくとき，最後の1個の電子に働く力は原子核の引力だけなので，そのイオン化エネルギーは原子番号の2乗に比例する。水素Hのイオン化エネルギーを求めよ。

6) ケイ素とバリウムの原子の電子配置を$1s^2 2s^2$・・・のように示せ。また原子価殻についてスピンの向きを含めた詳しい電子配置を示せ。

7) 金Auと銀Agの原子の電子配置を$1s^2 2s^2$・・・のように示せ。ただし，金も銀も最外殻のs軌道には電子が1個しか存在しない。

8) 4p軌道の電子雲の1つを断面図で示せ。またその断面図に波動関数の符合を＋，－の記号で示せ。

9) H^-とHe，HとHe^+ではそれぞれどちらの半径が大きいと考えられるか。

10) ナトリウムの第1～第5イオン化エネルギーは以下の通りである。Na^+イオン1個から電子を取り除いてNa^{4+}イオンにするために必要なエネルギーは何Jか。

第1イオン化エネルギー　495.8 $kJmol^{-1}$
第2イオン化エネルギー　4565 $kJmol^{-1}$
第3イオン化エネルギー　6912 $kJmol^{-1}$
第4イオン化エネルギー　9540 $kJmol^{-1}$
第5イオン化エネルギー　13360 $kJmol^{-1}$

11) N_2分子の結合エネルギーは941 kJ mol^{-1}であり，NとN^+からN_2^+ができるときの結合エネルギーは842 kJ mol^{-1}である。N原子の第1イオン化エネルギー1402 kJ mol^{-1}から，N_2分子の第1イオン化エネルギー（N_2分子からN_2^+を生成するエネルギー）を求めよ。

12) LiからNeに至る第2周期の原子の第1イオン化エネルギーが，原子番号によってどのように変化するかを説明せよ。

13) Be，B，C，N，F，Mg，Si，S について以下の元素を答えよ。

(a) 原子半径が最も小さいものはどれか。

(b) 原子半径が最も大きいものはどれか。

(c) イオン化エネルギーが最も小さいものはどれか。

(d) イオン化エネルギーが大きいほうから 2 番目のものはどれか。

(e) 電子親和力が最も大きいものはどれか。

(f) 価電子数が 5 のものはどれか。

4 化学結合と分子の構造

この章から化学結合について説明する。元素の種類は100程度しかなく，その中には通常ほとんどみかけることのない元素も含まれており，その半分以下の元素しか一般的には重要ではない。しかも我々に身近な元素はさらに限られてくる。しかし，それらの元素の原子が化学結合によって複雑に組み合わさることによって数千万の物質が形成され，我々の多彩な世界ができあがっている。この章では化学結合についてその基本を原子の性質から定性的に説明していくので，分子の形や性質が化学結合をもとにしてどのように決まるかを理解してほしい。

4-1 化学結合の分類

化学結合には何種類か存在するので最初に大きく分類しておく。まず一種類の原子，例えば銅原子Cuがたくさんあった場合を考えてみよう。この場合，Cu原子はばらばらに存在することはなく，すべての原子が集まって一塊の固体状態になってしまう。この塊，金属，の中ではそれぞれのCu原子がその周囲のCu原子すべてと引き合って結合している。この結合が**金属結合**である。次に別の例として，水素原子Hだけからできている物質を考えよう。H原子はCu原子のように全部の原子が一塊になることはなく，それぞれのH原子は別のH原子1個とだけお互いに強く引き付けあい，2個で組になって水素分子H_2として存在する。この2個のH原子を結び付けているのが**共有結合**である。複数のH_2分子の間の力は分子間力といわれるが，共有結合よりもずっと弱いので，室温ではそれぞれのH_2分子はばらばらに離れて動き回っている気体状態となる。

次に2種類以上の元素からできている**化合物**を考えると，別の種類の結合が現れる。化合物のうち，金属原子どうし，非金属元素どうしでは単体と同じようにそれぞれ金属結合で合金が，共有結合で分子が，形成されるが，金属元素と非金属元素の原子の間では**イオン結合**が形成され

化学結合は，共有結合，イオン結合，金属結合の3種類である。「○○結合」という言い方は他にもいろいろあるが，特殊な結合を示すものであり，一般的には上の3種類が重要であることを覚えておいてほしい。

分子間力とは，分子同士が互いに引き合う力の総称で，主に，ロンドン力，双極子－双極子力，水素結合がある。

これらの力は，物質の物理的な性質を決める重要な役割を果たしており，例えば，水分子は小さい分子量(18)の分子でありながら，大きな表面張力や，高い沸点・融点もつのは，分子間で強い水素結合が働いているためである。

金属と非金属の特性を併せ持つ半金属元素の結合は，多様で複雑なものになる。一般には共有結合を形成しやすい傾向にあるとされているが，純粋な共有結合ではなく，金属結合としての性質が混ざった結合と考えられる。

る。例えば食塩 NaCl を例にとると，金属である Na は電子を放出して陽イオン Na^+ となり，非金属元素である Cl は電子を受け取り陰イオン Cl^- になる。この Na^+ と Cl^- がクーロン力で引き付け合い硬い固体結晶を形成する。イオン結合でできた化合物をイオン性化合物といい，共有結合でできた化合物は，分子が形成されるので，分子性化合物である。

ここで，それぞれの結合をもつ物質の固体の性質を比べてみると，金属結合でできる金属性固体では，金属原子は価電子を放出して陽イオンとなっており，陽イオンが並んでいる間を電子が“自由に”動き回っている。この自由にというのは，ある金属から放出された価電子が，特定の原子に所属するわけではなく，まさに“自由に”金属性固体全体に広がることができるという意味である。そのため，金属結合中の電子を自由電子とよぶ。金属結合では，この自由電子の働きにより様々な特徴が生まれる。例えば，金属性固体内を自由に電子が動くことで電気伝導性が生じる。この自由電子を媒体として熱を伝えることができるため，金属性固体では熱伝導性もたかくなる。また，並んだ陽イオンに力を加え陽イオンどうしが反発する配置をとろうとするときも自由電子によって結合を維持することができる。そのため，金属は変形しながらも破断せず，形を保つことが可能になり，**展性**（伸ばすことができる性質）や**延性**（細い線状に引き伸ばすことができる性質）といった性質をもつことができるである。

イオン結合でできるイオン結晶については，6 章で詳しく述べる。

確認　金属元素・非金属元素のいずれか 2 つを組み合わせた化合物とその結合を理解しよう。

例題 4-1　**以下の化合物は分子性化合物かイオン性化合物か答えよ。**
(a)　H_2O　(b)　KBr　(c)　CaO　(d)　SO_2

解答
(a) H も O も非金属元素だから分子性化合物
(b) K は金属元素，Br は非金属元素だからイオン性化合物
(c) Ca は金属元素，O は非金属元素だからイオン性化合物
(d) S も O も非金属元素だから分子性化合物

イオン性化合物の化学式と命名：イオン性化合物の化学式は陽イオンの元素記号を先に書く。

また物質の名前は，英名では，化学式と同じく陽イオン名を先に書くが，和名では，その逆となり，先に陰イオンの名前，後に陽イオンの名前，の順になる。

例えば，ナトリウムイオン（Na^+）と塩化物イオン（Cl^-）から成る化合物は「塩化ナトリウム」となる。

化学を学ぶ上で「最も重要な結合」というのは，研究の分野や，応用される業界によって異なる場合もあるが，「共有結合」が特に重要といえるだろう。それは，非常に多様な結合であり，無数の化合物の形成に貢献することと，それらの物質群の化学的性質や物理的性質を理解するためにその理解は不可欠である。例えば，水や炭水化物，ペットボトルなどの石油製品，ディスプレイにもちいられる液晶，そして DNA などの生体分子も共有結合によって構成されている。これらの事実から，共

有結合に関する知識が，幅広い化学分野で重要であることがわかってもらえるだろう。

共有結合

化学結合を考えるときの直接に力として働くものはクーロン力，つまり＋電荷と－電荷の間の引力と，＋と＋，－と－の電荷の間に働く反発力（斥力）であり，これ以外の力は全く影響しない。しかし，それぞれの原子は，$+n$ の電荷をもった原子核と－1の電荷をもった n 個の電子からできていて，＋の電荷と－の電荷が等しく電気的に中性であるため，原子間では引力と反発力が互いにキャンセルして結合ができないと考えるのはまちがいである。クーロン力と全く同じようにN極とS極は引き付けあい，N－NとS－Sが反発しあう磁石で考えてみてほしい。小さな磁石を10個ほど集めると固まりになることを知っているであろう。決してばらばらになることはない。これはそれぞれの磁石が都合のいい向きに方向を変えてN－S極間の引力が強く働くような配置になるためである。もし下に述べる量子力学による制限がないとすると，原子核と電子でも同じことがおこり，原子核と原子核の間に電子が入って＋と－の間の引力が強くなるような配置をとればどんな原子も集まって塊になる。

このように「原子と原子の間の化学結合がなぜできるか」ということが問題ではなく，例えば「希ガス原子どうしや H_2 などの分子どうしの間になぜ強い結合が生じないのか」が化学結合を考えていくときに重要な問題である。そこでこのことを水素Hとヘリウム He で考えてみよう。よく知っているように水素は H_2 分子を形成するが He は分子を形成しないで単原子分子として存在する。

原子や分子の世界の力は電磁気力だけであるが，電子が波であるために生じる効果が，あたかも「何らかの力」が働いているように作用する。化学結合論とは結局この「何らかの力」を理解するためのものである。

簡単に言うと，水素原子2個が結合を作るときには，原子核の＋1と＋1の反発が原子核の中間に電子2個が入ることにより打ち消され，原子核－2個の電子－原子核の引力によってつながるためである。ところが He が分子を形成するには，He の原子核の電荷+2と+2の反発を打ち消すためには間に4個の電子が入る必要がある。しかし，He の原子核の間は4個の電子が入るには狭すぎるのである。これは，1s 軌道に電子が2個しか入れないことと関連する。それぞれの He 原子からみると自分の 1s 軌道は結合に使われている2個の電子で詰まってしまっており，残りはずっとエネルギーの高い 2s 軌道に入る以外になくなるのである。原子核の間に入れるのは2個までであり，残りの2個の電子が押し出されて外側のずっと高いエネルギーをもった状態になるよりは，2個の原子としてばらばらになってそれぞれの 1s 軌道に電子を受け入れたほうが安定になるのである。このように He で結合ができないのは量子力学による制約のためである。実際に存在する力はクーロン力だけであるが，3章で説明したように電子には波としての性質があるために広がろうとする傾向と，パウリの排他原理があり，狭い場所に閉じ込めることができない。

もっと原子番号の大きな原子を考えるときの基本となるものとして**価電子**をかんがえよう。例えば酸素O原子の電子配置は $1s^2 2s^2 2p^4$ であり，このうち内側の1sの電子は強く原子核に引き付けられており，原子核と一体で考えてよい。このため結合に関係するのは2sと2p，つまり最も外側の殻の6個の電子である。希ガスの除き，最も外側の殻の電子を価電子といい，典型元素ではs軌道とp軌道の電子が価電子となる。典型元素の原子が結合を作るときのことを考えてみよう。結合に使われている原子核の間に存在する電子も含めて，原子の周りのスペースに存在できるのは1sでは2個，2sと2p，およびそれ以上では8個である。多くの場合にこれを超える数の電子は入れないし，またこれ以下であれば，他の原子と結合を作ることができる。これを**オクテット則**という。

オクテット則には例外も少なくないが，分子の形を理解する上での基本となる重要な経験則である。例外については次節以下で説明する。

4-2 ルイス構造式

ここでは共有結合によって分子がどのように結合をするかを理解する有力な方法として**ルイス構造式**を説明する。ルイス構造式は価電子によって分子内でどのように結合が形成されるかを表わすものであり，分子の形や極性を推定するために役立つ。ルイス構造式を描く手順は次の通りである。

前　提　前提条件として，分子中の原子の並び方はあらかじめ分かっているものとする。シアン酸（HCN）とイソシアン酸（HNC）はどちらも安定分子であり，どちらのルイス構造式を考えるかは予め決めておく必要がある。このとき特に中央にくる原子（中心原子，HCNではC，HNCではN）がどれであるかは考えておく。

▶以下のルイス構造式の描き方は，安定に存在しない仮想的分子にあてはめても結果は得られるが，全く意味がないものである。

手順1　考えている分子（イオン）中の各原子の価電子数から分子中の価電子の総数を求める。もし陽イオンであればイオンの電荷分だけ電子を減らし，陰イオンなら電子を加える。

手順１の例

	原子が持つ価電子	電子の増減	価電子の総数
NH_3	N　　3H	なし	
	(5×1) + (1×3)	+0	5+3+0=8
NH_2^-	N　　2H	1つ多い	
	(5×1) + (1×2)	+1	5+2+1=8
NH_4^+	N　　4H	1つ少ない	
	(5×1) + (1×4)	−1	5+4−1=8

▶価電子だけを考えるのは，原子核に密着した内側の電子を無視して，結合に関係する電子だけを考えるためである。分子やイオンの価電子は偶数個である。もし奇数個であればどこかに間違いがある可能性が高いので計算をやり直す。また，以下の手順では全価電子数だけを使い，それぞれの原子の価電子数はルイス構造式を描くときに関係しないことを覚えておいてほしい。

ルイス構造式の描き方は，「化学結合とはどのようなものか」ということを基礎とし考えられている。とりあえず描き方を覚えた後，その意味をよく考えてほしい。

手順2 それぞれの結合に一対（2個）の価電子を結合電子（共有電子）として配置する。

▶これは原子間に入ることのできる電子は2個までであるためである。下の手順5で二重結合や三重結合ができる場合には，原子間に4個や6個の電子が入るルイス構造式になるが，これは描き方の問題であって，実際に原子間に4個や6個の電子が入るわけではない。二重結合と三重結合の詳しいことは5章で説明する。

原子間に存在して共有結合に使われている電子を結合電子，あるいは共有電子といい，2個で対になっているときは**結合電子対**，**共有電子対**という。結合に使われていない電子は非結合電子，非共有電子であるが対になると**孤立電子対**あるいは**非共有電子対**という。

結合電子であってもなくても対になっていない電子は**不対電子**という。孤立電子対と不対電子は紛らわしいので注意してほしい。不対電子による結合の例は5章で酸素分子を説明する。

手順3 中心原子に結合している周りの原子がオクテット則を満たすようにする。つまり周りの原子が，結合電子も含めて8個（水素では2個）になるように電子を対（2個1組）で加える。

▶中心原子ではないことに注意する。オクテット則が重要であることがわかる。もしここで価電子がなくなれば手順5に進む。

手順4 もし残った価電子があれば，すべて対にして中心原子に配置する。この段階ではオクテット則は考えなくてよい。中心原子の周りの電子数は8個を越えてもよい。

手順4で，中心の原子が8電子を超えたとき（例えば，10電子）は，手順5は無視してよい。

手順5 もし，中心原子の周りの電子数が8個よりも少ない場合には周辺の原子の周りの電子を対で結合電子対に加えて，中心原子のオクテットを完成させる。

▶この操作で結合電子が4個や6個になった場合，結合はそれぞれ二重結合と三重結合になる。

▶ベリリウム Be とホウ素 B は例外でこの手順5は行わない。

> **確認** ルイス構造を書く手順をマスターしよう。

例題4-2 水分子 H_2O のルイス構造式を描け

解答 手順1　価電子の総数は　1×2+6=8 個。
手順2　結合電子を配置すると（1）のようになる。残りは4個。
手順3　水素のオクテットは2個で完成しているので何もしない。
手順4　酸素に残りの4個を配置する（2）。
手順5　酸素はちょうどオクテットが完成しているので（2）が水のルイス構造式。

H:O:H（1）

(2)

> **確認** 手順5の，多重結合によってすべての原子がオクテットを満たせるようになろう。

例題4-3 シアン酸分子 HCN のルイス構造式を描け。

解答 手順1　価電子の総数は　1+4+5=10 個。
手順2　結合電子を配置すると（1）のようになる。残りは6個。
手順3　水素のオクテットは2個で完成している。Nのオクテットを完成させる（2）。残りは0個。
手順4　残りは0個なので何もしない。
手順5　炭素原子の周りには4個の電子しかないので，窒素の電子対2組をC−N結合に動かしてオクテットを完成させる（3）。C−N結合は三重結合になる。

H:C:N
(1)

H:C:N:
(2)

H:C:::N:
(3)

4-3 共鳴構造

ルイス構造式を描いていって困ることがある。例えば二酸化硫黄分子 SO_2 では価電子数は18個であり，手順4まで終わったときにルイス構造式は

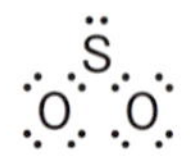

のようになっている。ここで手順5の6個しかないSの周りの価電子を8個としようとした場合，左右の酸素のどちらの電子を動かすかによって，下の2通りの構造式が描ける。

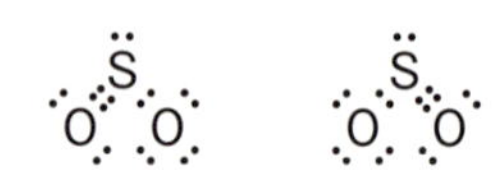

実は実験によるとどちらの構造式も間違いであり，2つのO原子はS−O距離などが等しくて全く同じようにSと結合していることがわかっ

ている。この2つの構造の中間の構造をもっているのである。ここで酸素の周りのどこの電子を結合電子にするか（つまり，対の電子のどこを空にするか）は意味がなく，どこにしても同じである。ルイス構造式は原子の周りに何個の電子があるかということだけに意味があり，電子の存在場所を示すものではない。

共鳴は1つのルイス構造式では表せない。2つの構造の間を非常に速く行き来していると考えてほとんどの現象が理解できるが，実際は1つの構造である。5章で分子軌道を用いてもう少し詳しく説明する。

このことから SO_2 のルイス構造式は

のように描かれ，これを**共鳴構造**といい，SO_2 では「共鳴がおきている」という言い方をする。共鳴についてはまた後の節で詳しく説明する。

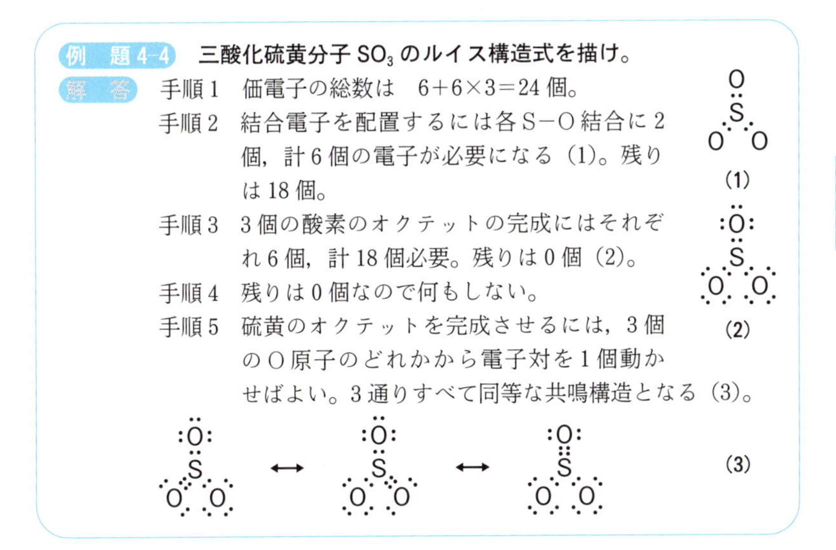

例題 4-4 三酸化硫黄分子 SO_3 のルイス構造式を描け。

解答
手順1 価電子の総数は　6+6×3=24 個。
手順2 結合電子を配置するには各 S−O 結合に2個，計6個の電子が必要になる (1)。残りは18個。
手順3 3個の酸素のオクテットの完成にはそれぞれ6個，計18個必要。残りは0個 (2)。
手順4 残りは0個なので何もしない。
手順5 硫黄のオクテットを完成させるには，3個のO原子のどれかから電子対を1個動かせばよい。3通りすべて同等な共鳴構造となる (3)。

(1)

(2)

(3)

確認 ルイス式を描き上げた後に，共鳴構造が存在するか？を考えてみよう。

4-4 形式電荷

共鳴構造により複数のルイス構造が描ける場合，どのルイス構造が最も寄与しているか？を決める必要がでてくることがある。その手法として，それぞれのルイス構造に対して形式電荷を調べて比較する方法がある。形式電荷は，分子やイオンの化学式の中で，それぞれの原子に割り当てられる電荷を示した値になる。つまり，分子中の，ある原子が，もともと持っている価電子数と同じだけの電子をもっていれば，形式電荷は±0となり電気的に中性な状態とわかる。

形式電荷の「形式」という用語を用いるのは，実際の分子中では，電荷は1つの原子に局在しているのではなく，その原子と結合している原子上にいろいろな割合で分布しているためである。

また，原子がもともと持っている価電子数よりも，電子を多く持っていれば，形式電荷は多く持っている電子数に応じて，−1，−2となる。逆に，原子がもともと持っている価電子数よりも，電子数が少ない場合は，形式電荷は足りない電子数に応じて，+1，+2となる。

ルイス構造式で，各原子に割り当てられる電子数は，その原子が持つ価電子の数と，その原子が共有電子対や非結合電子対を通じて実際に持っていると考えられる電子の数との差に基づいて計算できる。

(1) 形式電荷の計算法

形式電荷の計算方法は以下の手順に従って行うとよいだろう：

手順A 原子が持つ価電子の数を調べる。(周期表の何族かで価電子数がわかる。

例えば，炭素は4つの価電子を持ち，窒素は5つ，酸素は6つとわかる。

手順B ルイス構造中で，それぞれの原子が単独で持っている非結合電子の数を数える。

これらは通常，ルイス構造における点として表される。

手順C 原子に割り当てられる結合電子の数を数える。

2つの原子間で共有されている全ての結合電子を，それぞれの原子に均等に分割したときの数を考える。

つまり，電子2つを2つの原子で共有する単結合では，結合を作っている原子に各1つずつが割り当てられる。また，二重結合では2つずつ，三重結合では3つずつの電子が，結合を作る原子にそれぞれ割り当てられる。

以上の手順によって求めた，「原子の価電子の数」，「非結合電子の数」，「結合電子の数」を下記の計算式で計算すると各原子の形式電荷が求めることができる。

形式電荷＝(原子の価電子の数)－(非結合電子の数)－(結合電子の数)　(4‒1)

この計算によって得られる値が正であれば，その原子は実際の分子内で実効的に正の電荷を持っていることになる。一方，負の値であれば，その原子は負の電荷を持っていることになる。形式電荷が0であれば，その原子は中性と見なすことができる。

形式電荷が正の値や負の値の時は，構造式の元素記号に形式電荷を書き加える。また，形式電荷が 0 の原子には，何も書かなくてよい。

例　題 4-5　**SO_2 と，例題 4-4 で描いた SO_3 のうち下記の構造につい各原子の形式電荷を求めよ。**

確認　各原子に所属する形式的な電子数を数えられるようになろう。

解　答　共有結合では，それぞれの原子で半分ずつ所有していると考え，非共有電子対は各原子に所属すると考えると，下記のようにそれぞれ割り当てられる。

各原子ごとに形式電荷を式（4-1）で計算すると，

〈SO_2〉

左の酸素原子の形式電荷＝6－6－1＝－1

右の酸素原子の形式電荷＝6－4－2＝0

硫黄原子の形式電荷＝6－2－3＝＋1

左側の酸素は 7 電子であり，酸素原子が元々持っている価電子数（6）より電子が 1 つ多いので，左側の酸素の形式電荷は－1 となる。

また中央の硫黄原子が形式的に所有する電子数は 5 電子であり，硫黄原子が元々持っている価電子数（6）より 1 電子不足しているので，硫黄の形式電荷は＋1 となる。

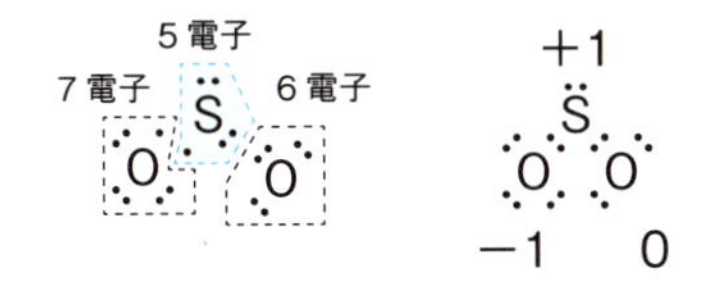

〈SO_3〉

左の酸素原子＝6－6－1＝－1

右の酸素原子＝6－6－1＝－1

上の酸素原子の形式電荷＝6－4－2＝0

硫黄原子の形式電荷＝6－0－4＝＋2

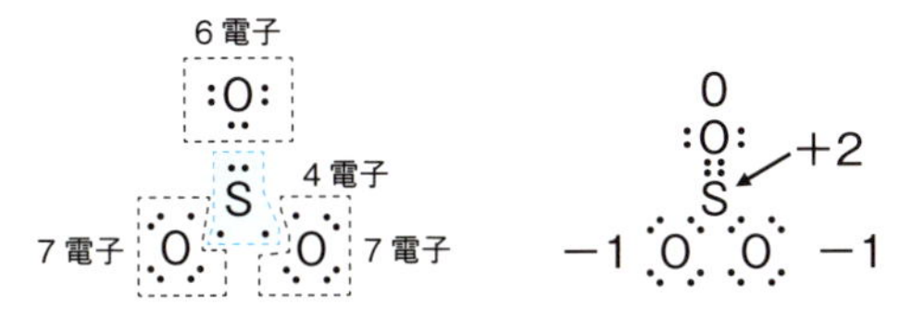

(2) 形式電荷によるルイス構造の選択

4-3 の，基本の手順 1〜7 に従ってルイス構造を書くことで，多くの分子やイオンのなかで電子がどのように配置されているかを，描くことができる。しかし，多重結合を含むいくつかの例では，基本の手順をすべて満足するルイス構造が，2 個以上かける場合がある。

形式電荷は，特に異なる共鳴構造を比較する際や，反応機構を理解する上で重要な役割を果たす。最も安定なルイス構造は，形式電荷が最も少ない（理想的にはゼロに近い），または分布が電気陰性度の高い原子に負の形式電荷があるものとされる。

例えば，二酸化炭素［CO_2］のルイス式について考えてみよう。

O::C::O　　:O:C:::O

I　　　　II

これまでに化学を学習してきた諸君の多くは，Ｉの形で書いているのではないだろうか？　しかし，4−2の手順から考えるとⅡの形も手順1〜7のすべての手順を満足する形となっている。

それでは，これらの構造式のように，2つ以上のルイス構造が書ける場合，どちらがより実際の構造を反映しているのかを判断する手法について考えていこう。一般的には以下の指針によって優位なルイス構造を選択する。

> より実際の構造を反映したルイス構造を選択するには下記の2点についても考えるとよい。
> ・負の形式電荷が金属原子上にない構造を選ぶ
> ・電気陰性度の大きい原子に負電荷がある構造を選ぶ。

・一般に原子の電荷がゼロに近いもの

　＊中性分子の場合，すべての原子の形式電荷がゼロ構造を選ぶ。

　＊形式電荷を複数持つ場合，電荷を持たない原子数が少ないものを選ぶ

　＊同じ電荷がなるべく離れた配置のものを選ぶ。

ここで，CO_2のＩとⅡのルイス構造中の各原子に割り当てられる形式電荷を計算してみよう。それぞれのルイス構造中での形式的な電子の所属は次のようになる。

> 各原子の形式電荷の合計が，化合物全体の電荷に一致しているか？形式電荷を割り当てた後に確認してみよう。

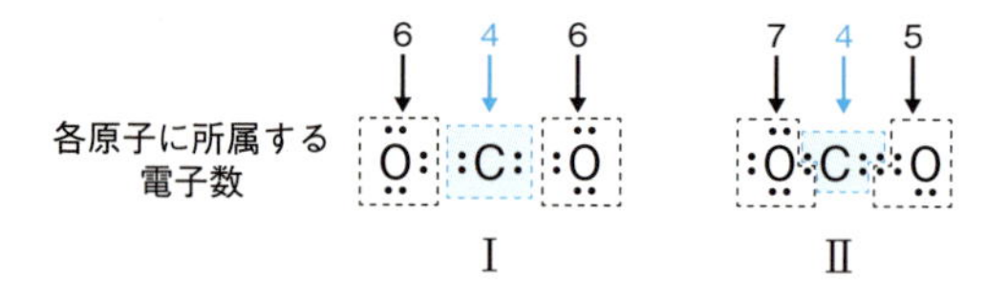

酸素原子Ｏが元々持っている価電子数は6電子であり，炭素原子Ｃが元々持っている価電子数は4個なので，Ｉの構造では，

炭素原子の形式電荷＝4−0−4＝0
酸素原子の形式電荷＝6−4−2＝0
となり，すべての原子の形式電荷は0となっている。

一方，Ⅱの構造では，左側の酸素は，7電子，炭素原子は4電子，右の酸素は5電子なので形式電荷の計算をすると

左の酸素原子の形式電荷＝ 6−6−1＝−1

炭素原子の形式電荷＝ 4－0－4＝0

右の酸素原子の形式電荷＝ 6－2－3＝＋1

となる。

I，IIの形式電荷

0 0 0
:Ö::C::Ö:
I

−1 0 +1
:Ö:C:::O:
II

> 電気陰性度の大きい原子（ハロゲンなど）に正電荷が2個以上存在していないか？（1個までは取り得る）

2つのルイス式は，すべての原子がオクテットを満たしているが，「原子の電荷がゼロに近い」構造は，Iとなる。したがって，CO_2 の共鳴構造として，IIのルイス構造も描けるが，Iの構造の寄与が大きいと予測できる。実際の CO_2 分子でも，Iの構造の寄与が大きい。

例題4-6　笑気ガス N_2O のルイス構造式には，次の3つの共鳴構造が考えられる。各構造式中の原子の形式電荷を（　）内に示せ。また，実在の分子では，どの共鳴構造の寄与が大きいかを予測せよ。

:N:::N:Ö: ⟷ :N̈::N::Ö: ⟷ :N̈:N:::O:

I　　II　　III

I　左のN（　　），中央のN（　　），O（　　）
II　左のN（　　），中央のN（　　），O（　　）
III　左のN（　　），中央のN（　　），O（　　）

解答　手順A：原子が持つ価電子の数を調べる。

笑気ガスは，窒素原子と酸素原子からなる分子である。

それぞれの価電子数は　窒素原子＝5，酸素原子＝6　となる。

手順B：ルイス構造中で，それぞれの原子が単独で持っている非結合電子の数を数えると，以下のようになる。

	左のN	中央のN	O
I	2	0	6
II	4	0	4
III	6	0	2

手順C：原子に割り当てられる結合電子の数を数える。

2つの原子間で共有されている全ての結合電子を，それぞれの原子に均等に分割したときの数を数えると以下のようになり

	左のN	中央のN	O
I	3	4	1
II	2	4	2
III	1	4	3

それぞれの構造について，形式電荷を下記の式で求めると

形式電荷＝(原子の価電子の数)－(非結合電子の数)－(結合電子の数)

以下のようになる。

	左のN	中央のN	O
I	0	+1	−1
II	−1	+1	0
III	−2	+1	+1

次に，これらの構造を比較して，実在の分子では，どの構造の寄与が

> 例題4-6の左と中央の構造ではどちらのルイス式が，実際の分子での寄与が大きいとかを考えるには，本章4-6にある電気陰性度について理解する必要がある。
> 左の構造では酸素原子が－1の電荷を持ち，中央の構造では窒素原子が－1の電荷を持っている。窒素原子と酸素原子を比べると，酸素原子の方が窒素原子よりも電気陰性度が大きいため，酸素原子に－1が書ける，左の構造が実在する分子での寄与が最も大きいと予測できる。

大きいのかを考えてみよう。
　左と中央の構造では，+1−1 が一つずつあり，右の構造では，すべての原子が電荷をもち，−2+1+1 となっている。一般に原子の電荷がゼロに近いものが安定であるため，実在する分子では右の構造の寄与は最も小さいと考えられる。

4-5 分子の立体構造—VSEPR 理論—

　分子のルイス構造式を描くことができると，その立体構造を推定することができる。分子全体の構造はそれぞれの結合の距離と方向で決まるが，6 章で述べるように結合距離はあまり大きく変わることはないので，構造を決めるのは中心原子からの結合がどの方向に伸びているか，つまり結合と結合の間の角度（結合角）である。例えば水分子 H_2O の結合角は 104.5° であり，その結果 H_2O 分子は折れ曲がった構造をもち，二酸化炭素分子 CO_2 の結合角は 180° であるので，CO_2 は直線分子となる。

　結合角を推定するものとして**原子価殻電子対反発理論**（Valence Shell Electron Pair Repulsion Theory，**VSEPR 理論**）がある。これは，中心原子の周りの電子対は互いに極力離れようとする，というものである。この理論ではまず中心原子の周りで実際に反発する電子対の数を調べる。このとき以下の規則がある。

① 結合電子対は，結合毎に反発する電子対が 1 組と数える。結合が二重結合，三重結合であっても 1 組である。

② 結合していない電子対はそれぞれ 1 組と数える。

　電子対同士の反発の大きさは
非共有電子対と非共有電子対＞非共有電子対と共有電子対＞共有電子対と共有電子対
の順になる。

H_2O 分子と CO_2 分子について，反発する電子対の組みは下のルイス構造式において青く表示した組であり，それぞれ 4 組と 2 組となる。

:Ö::C::Ö:

　実際の分子の形を考えるときは，はじめに図 4-1 の反発する電子対の組の数できまる形を「基本形」として決めた後，それぞれの電子対に，非共有電子対と，原子との結合の電子対（共有電子対）を割り当てる。という手順を踏むと，理解しやすい。

　結合角を θ とすると，正四面体の構造から $\cos\theta = -1/3$ となり，$\theta = 109.47$・・・度である。

　図 4-1 に反発する電子対の組の数に従って決まる構造を示した。2 組が反発すれば互いに反対側に位置するようになり直線である。3 組が反発すれば平面の三方向になり，頂点をつなぐと正三角形になる（図中の点線）。4 組が反発すると立体になり，結合は点線で示した正四面体の頂点の方向となる。このときの結合角は，数学が得意な方は計算してみるとよいが，109.5° になる。この場合には正四面体を回転させるとどこを図中で上にしても同じ形になり，結合はすべて同等である。5 組の場合には 2 種類の結合方向が生じる。1 つは正三角形の頂点に向かう結

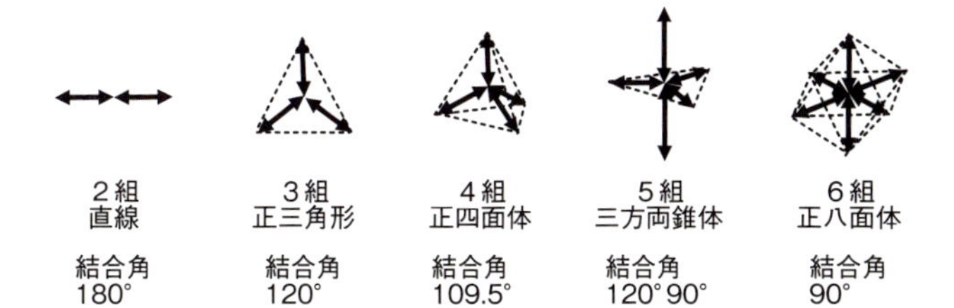

図 4-1 反発する電子対の組の数と構造の関係

合であり，もう1つはこの正三角形に直交する直線の両側である。正三角形の隣り合う結合の結合角は 120° であり，直線方向の結合と正三角形の結合との結合角は 90° になる。6組の場合は正八面体の頂点に向かう結合が生じて，正四面体のときと同じようにこの結合はすべて同等であり，隣り合う結合の結合角はすべて 90° になる。

図 4-1 で電子対の組の先に原子がない，つまり結合に関係しない電子対（非共有電子対あるいは孤立電子対という）では電子対だけが存在することになる。H_2O 分子では水素原子は正四面体の頂点の 2 つの方向に結合し，残りの頂点は**非共有電子対（孤立電子対）**が占める。この結果折れ曲がった構造になり，結合角は 109.5° と予想される。この結合角は実測値 104.5° に近い。二酸化炭素では 2 組しかないので直線構造になることがわかる。

電子対の反発を視覚的に理解するために，風船の口どうしを結んだものを作ってみるとよい。例えば 4 つの風船を結んだものは勝手に正四面体になろうとすることがわかる。
例えば，無理やり 4 つの風船を同一平面に並べたとしても，少し力を加えることで正四面体になる。また，この正四面体の風船は，力を加えても正四面体のままであることから，正四面体構造が最も安定な構造であることを実感できるだろう。

例 題 4-7 メタン分子 CH_4 のルイス構造式を描き，VSEPR 理論を用いて構造を求めよ。

解 答 手順に従ってルイス構造式を描くと右のようになる。中心の炭素原子を囲む電子対の組みは 4 組であるから正四面体型の構造をもち，それぞれの H 原子はすべて同等である。

```
  H
  ··
H:C:H
  ··
  H
```

確認 原子が持つ電子対の数から，基本的な立体構造を予測できるようになろう。

直線型，正三角形型，正四面体型では結合はすべて等価なので，孤立電子対がある場合にどこに配置しても問題はない。しかし三方両錐体型，正八面体では結合に違いがある。三方両錐体では上下の結合と正三角形の結合があり，孤立電子対は優先的に正三角形の結合に入る。正八面体では 1 組目の孤立電子対はどこに入っても同じであるが，2 組目の孤立電子対は最初の電子対の反対側に入り，結局，結合は正方形の頂点方向にできて分子は正方形型になる。

三方両錐型 5 つの結合の結合角は異なる 2 つの角度からなっており，1 つは正三角形の 3 つの結合角 120° であり，もう 1 つは，正三角形とその重心を通る垂線との結合角 90° になる。この 2 つの結合角を比較すると，平面三角形上の結合角のほうが大きいため，空間的に広い。そのため結合の電子対より大きく広がっている孤立電子対は，結合角が広く空間的にすいている正三角形上の結合を優先的に占有していく。

例 題 4-8 ヨウ素溶液中で形成される I_3^- は I−I−I とつらなって結合して陰イオンになっている。このイオンのルイス構造式を描き，VSEPR 理論を用いて構造を求めよ。

確認 非共有電子対が，どこに優先的に配置されるかを理解しよう。

解 答 手順1　価電子の総数は　$7\times3+1=22$ 個。1価の陰イオンだから1個加えることを忘れてはならない。

I : I : I

(1)

手順2　結合電子を配置すると（1）のようになる。残りは18個。

手順3　周り原子（両側のI原子）のオクテットを完成させる（2）。残りは6個。

(2)

手順4　中心原子（中央のI原子）に残りの6個を3組の電子対として配置する（3）

(3)

手順5　中心のI原子はオクテットを越えているのでこのままでよい。[　] で囲んで右肩に−を付けてイオンであることを示して完成（4）。

$[\;]^-$

(4)

このルイス構造式から中心のI原子の周りには5組の電子対が存在することがわかり，構造は三方両錐体となる。三方両錐体では非共有電子対が正三角形の頂点を優先的にしめるので，まわりのI原子は中心のI原子の上下に結合して直線構造となる（5）。

(5)

図4-2に少し複雑な分子としてコーヒーなどに含まれていて眠気をとる作用をするカフェイン分子の構造を示した。複雑な分子ではあるが，それぞれの原子の周りの結合角から全体の構造を考えることができる。注意すべき点が2つある。1つは結合角が決まっても単結合ではその結合の周りに回転できることである。$-CH_3$ の3個の水素原子はいろいろな向きをとる可能性があり，この向きは化学結合よりももっと弱い力（化学結合をしていない原子の間の力）で決まる。一方，二重結合で結合している原子の結合は回転できない（理由は次章で説明する）。もう

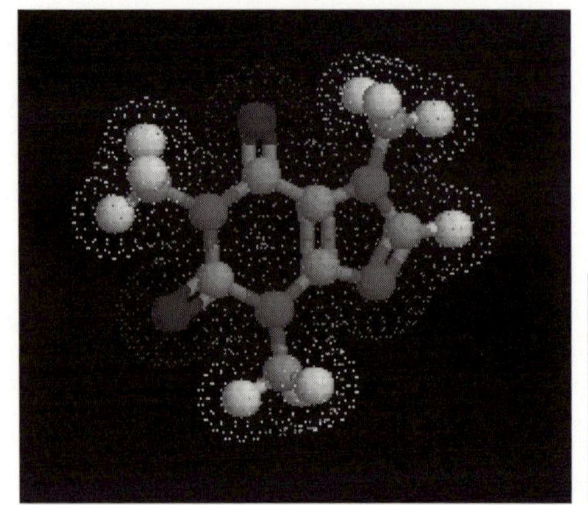

図4-2　カフェイン分子 $C_8O_2N_4H_{10}$ の構造*
右下に構造式を示した。それぞれの原子の周りの結合角から全体の構造が決まる。

*　ブラウザ用プラグイン MDL Chime (MDL Information Systems Inc.) で作成。

1つの注意すべき点はリングを形成する場合で，カフェインには中央の6個の原子からできているリング（6員環という）とその右に5個の原子からできているリング（5員環）が存在する。このときには一周したときの最後の原子が最初の原子と再び結合しなければならないが，最後の原子が最初の分子の結合角と矛盾しない位置にくれば安定な結合ができる。そうでない場合には無理をして環を作ることになり，無理をした度合いに応じて不安定になる。

分子全体の形はそれぞれの原子の結合の伸びる方向によって決まる。ある原子から出発して結合の方向に次々と原子をつないでいけば全体の形が決まるが，困ることがある。1つは本文で述べたリング構造で，例えばシクロプロパンC_3H_6は3個の炭素が正三角形を形成するのでC—C結合間の結合角は60°にならざるを得ない。Cは正四面体構造だから109.5°が自然であり，かなり不安定な分子になる。もう1つは大きな分子で原子をつないでいくと既に先に別の原子が存在している場合であり，これを避けるような構造では角度が変わり，不安定になる。これを立体障害という。

4-6 分子の極性と電気陰性度

4-4でみたように水分子は折れ曲がった構造をしているが，この水分子のもう少し実際の状態に近い様子を図4-3に示した。水分子に含まれる酸素の原子核と2つの水素の原子核は折れ曲がっているが（図4-3(a)），これらの原子核は周りを電子雲でおおわれていて，それを図示すると案外丸い分子であることがわかる（図4-3（b））。ところがこれを電気的にみると，また全く違ってくる。上方の酸素の付近は強くマイナスの電気を帯びており，逆に下方の水素の付近はプラスの電気を帯びている。水素の周りの電子雲の濃さは水素の原子核の＋1の電荷を打ち消すのには十分な濃さではなく，酸素の周りの電子雲の濃さは酸素の原子核の＋8の電荷を打ち消して余るほど濃くなっているのである。ちょうど磁石を縦にしたようなものであり（この場合は磁気ではなく電気であるが），このように両端にプラスとマイナスの電気を帯びた棒のようにみなせる分子を**極性分子**という。H原子が帯びているプラスの電荷は，イオンになった場合の電荷よりも小さいので，小さいことを記号δであらわしてδ+で表す。例えば水分子では次のように示される。

化学においてδ（デルタ）記号は「少しの」または「部分的な」変化や差異を示すためによく使われるので覚えておこう。

特に分子内での電荷の分布を示す際によく使用され，分子の一部に部分的な正の電荷が存在する場合にはδ＋（デルタプラス），部分的な負の電荷が存在する場合にはδ－（デルタマイナス）と表される。

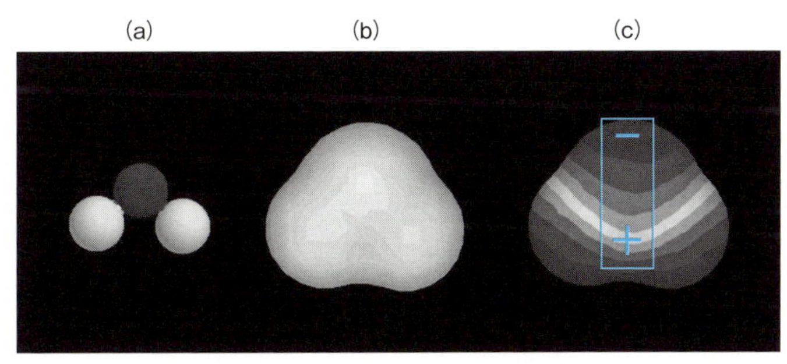

図4-3 水分子の3種類の表示*
(a) 原子による表示（灰：O，白：H），(b) 電子雲に覆われた表示，(c) 帯びた電気の表示

* ブラウザ用プラグインMDL Chime (MDL Information Systems Inc.) で作成。

$\delta-$ $\delta-$ O $\delta+$ H H $\delta+$

極性分子となる原因はそれぞれの結合においてプラスとマイナスの偏りが生じるためである。O と H のように異なった原子の間に結合ができるとき，結合電子は必ずどちらかの原子に偏っており，例えば O と H では O 側に偏り O 原子がマイナスの電気をおびるのである。N_2 のように同じ原子が同じ環境にいて結合している場合には電子の偏りはなく**無極性分子**となる。同じ原子であっても環境が異なれば偏りが生じる。オゾン O_3 は O−O−O の順で結合しているが水と同じように折れ曲がっており，結合角は 116.8° である。この場合両側の O が中央の O と 1 本だけの結合をしているのに対して，中央の O は両側の O と 2 本の結合をしていて，異なった環境にいる。このため両側の O と中央の O との結合において電子雲の偏りが生じて O_3 は H_2O の 30% ほどのやや弱い極性分子となる。

ここで，オゾン O_3 の極性をより詳細に理解するために，オゾンのルイス構造を書き，オゾンの 3 つの酸素原子の形式電荷を計算してみよう。オゾンでは，2 つの共鳴構造を書くことができる。左の構造に着目すると形式電荷は左側の酸素からそれぞれ，±0，+1−1 となっていることがわかる。

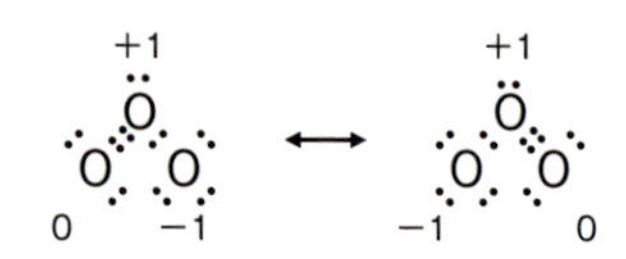

実際の分子が，この 2 つの構造の平均化した構造であるとすると，O_3 の中央の酸素原子+1 であり，両端の酸素原子は，それぞれが，−1/2 の電荷をおびていると見ることができる。したがって，オゾンでは，中央の酸素が $\delta+$ となり，両端の酸素原子は $\delta-$ となることがわかる。したがって，水とオゾンでは，電荷が逆になっているため極性の向きが逆であることがわかる。分子中の極性の向きについては，またあとで詳しく説明する。

結合の極性でどちらがプラスになるか，また極性が大きいかどうかを判断するものとして，それぞれの原子の**電気陰性度**が考えられている。電気陰性度は結合を作ったときに電子を引き付ける強さを表しており，電気陰性度の異なる原子が結合したときには電気陰性度の大きな原子がマイナスとなり，小さい原子がプラスになる。電気陰性度はいくつか提案されているが，代表的なものを表 4-1 に周期表に従った配置で示した。

極性分子の電荷の片寄りは，少し離れたところの電荷に極性分子と同じ力を与える $+q$ と $-q$ の電荷が距離 d だけ離れて存在している電気双極子というものを考え，この双極子の qd の値（双極子モーメント）で表す。qd が同じ双極子は少し離れたところの電荷に同じ力を与えるので，積で定義すればよい。単位は C m であるが，これだと小さくなりすぎるので，普通 1 D（デバイ）$=3.33564\times10^{-30}$ C m が単位として用いられる。水分子の双極子モーメントは 1.87 D である。電気素量 $+e$ と $-e$ が 0.1 nm 離れたもの（つまり 1+ と 1− のイオンの組み合わせ）の双極子モーメントは 4.80 D であるから，かなり大きいことがわかる。O_3 の双極子モーメントは 0.53 D。

表 4-1 原子の電気陰性度

Li 1.0	Be 1.5									H 2.1		B 2.0	C 2.5	N 3.0	O 3.5	F 4.0
Na 0.9	Mg 1.2											Al 1.5	Si 1.8	P 2.1	S 2.5	Cl 3.0
K 0.8	Ca 1.0	Sc 1.5	Ti 1.6	V 1.6	Cr 1.6	Mn 1.5	Fe 1.8	Co 1.8	Ni 1.8	Cu 1.9	Zn 1.6	Ga 1.6	Ge 1.8	As 2.0	Se 2.4	Br 2.8
Rb 0.8	Sr 1.0	Y 1.4	Zr 1.6	Nb 1.6	Mo 1.8	Tc 1.9	Ru 2.2	Rh 2.2	Pd 2.2	Ag 1.9	Cd 1.7	In 1.7	Sn 1.8	Sb 1.9	Te 2.1	I 2.5
Cs 0.7	Ba 0.9	La 1.3	Hf 1.5	Ta 1.5	W 1.7	Re 1.9	Os 2.2	Ir 2.2	Pt 2.2	Au 2.4	Hg 1.9	Tl 1.8	Pb 1.8	Bi 1.9	Po 2.0	At 2.2

表をみるとOの電気陰性度は3.5であり，Hの電気陰性度は2.1であるから，O−H結合では電気陰性度の大きいOがマイナスとなり，上で述べた水分子の極性の結果が説明できる。表4-1をみてわかるように電気陰性度は周期表の右上に行くほど大きくなり，フッ素Fが最大の値をもつ。

例題4-9 **次の分子の構造と結合の電荷の偏りを示せ。**

HCl　　CO_2　　BrF_5（Brが中心原子）

解答 HClは2原子分子だから直線，Hの電気陰性度2.1よりClの電気陰性度3.0が大きいので，Hが$\delta+$となり，Clが$\delta-$になる。

CO_2はすでに述べたように直線分子，Cの電気陰性度2.5よりOの電気陰性度3.5が大きいので，それぞれの結合でCが$\delta+$となり，Oが$\delta-$になる。両側の結合により結局Cは$2\delta+$になる。

BrF_5のルイス構造式を描くと

手順1 価電子の総数は　$7+7\times5=42$個。

手順2 結合電子を配置すると（1）のようになる。残りは32個。

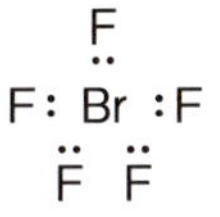

手順3 Fのオクテットを完成させると（2）のようになり，残りは2個。

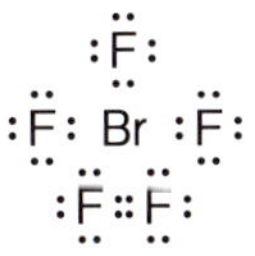

手順4 Brに残りの2個を配置する（(3)）。

手順5 オクテットに足りないときだけ電子対を動かすので何もしなくてよい。(3) のBrF_5のルイス構造。

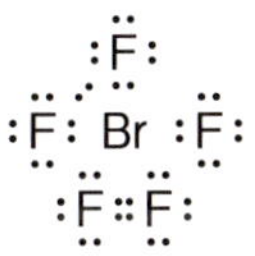

Brの周りには6組の電子対がある（(4) 左）。VSEPR理論から正8面体の6つの頂点の5つにFが1つに非共有電子対が配置したピラミッド型（(4) 右）。電気陰性度はBrの2.8よりFの4.0が大きいので，それぞれの結合でBrが$\delta+$となり，Fが$\delta-$になる。5つの結合により結局Brは$5\delta+$になる。

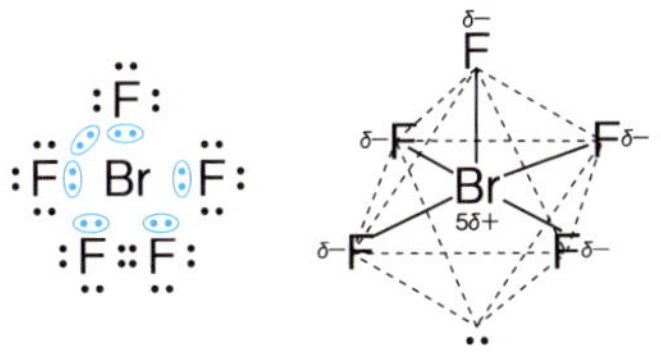

(1)

(2)

(3)

(4)

結合電子が一方の原子に引き付けられる場合，もし電子1個分が完全に引き付けられれば＋1と－1の電荷をもつイオン結合になる。このように共有結合とイオン結合に明確な境があるわけでなく一般に電気陰性度の差が1.7程度で共有結合性とイオン結合性が半々であるといわれている。

電気陰性度は極性を予想するのに大変有用なものであるが，結合の極性はそれぞれの結合ごとに決まるものであって，それぞれの原子が単独にもっている性質ではない。3章で説明した単独の原子の性質として定義されている電子親和力と混同してはならない。電気陰性度を用いた予測に全く例外がないわけではない。一例として一酸化炭素COを考えてみよう。表をみるとCの電気陰性度は2.5であり，Oの電気陰性度は3.5であるから，C－O結合では電気陰性度の大きいOがマイナスとなることが予想される。しかしCOの極性を実験で求めるとCのほうがマイナスとなり予想に反している。この理由はルイス構造式から予想できる。COはN_2と同じ数の価電子10個をもち，ルイス構造式を描く手順1〜5に従うと全く同じルイス構造式になる。手順では価電子の総数だけを使うことを思い出してほしい。

:N⋮⋮N:　:C⋮⋮O:

各原子の電荷の数え方については，4-4の形式電荷をもう一度復習しておこう。

COとN_2で異なるのは原子核の電荷だけであり，結合している6個の電子が3個ずつ左右の原子に属していると考えると，N_2ではそれぞれのN原子は中性になるが，COのC原子では原子核の電荷＋6にCに密着した1sの電子2個と価電子の5個で7個の電子があり，C^-になっており，Oは原子核の電荷＋8に電子が7個でO^+になっていることがわかる。つまりルイス構造式から

$:\overset{-}{C}⋮⋮\overset{+}{O}:$

となっていて，中間の結合電子が電気陰性度の大きいOに引き付けられても，Cはわずかに－になって残り，Oもわずかに＋のままになるのである。

それぞれの原子間結合においては同じ原子であっても環境が違うだけで極性を生じるが，分子が極性分子となるかどうかはその形に依存する。もし，H_2O分子がH—O—Hの直線形であったならそれぞれのO—Hの極性は打ち消しあって非極性分子となる。実際には逆にH_2Oが極性分子であることから折れ曲がった構造をしていることが結論できる。各結合の極性はベクトルであり，ベクトルの和をとると消えるからである

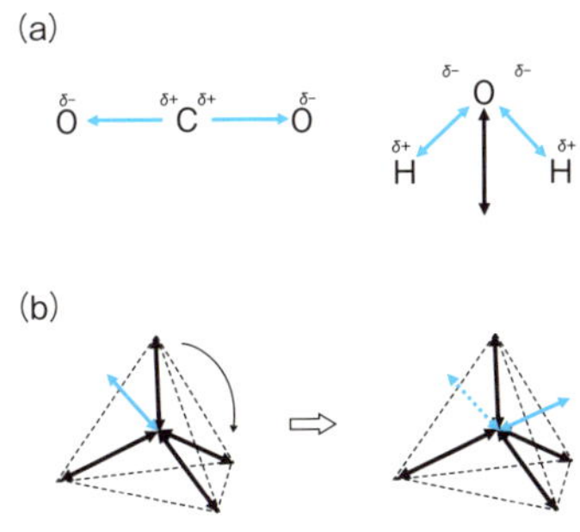

図 4-4　分子の対称性と極性
(a) 水分子の極性, (b) 分子の回転による極性の推定方法

(図 4-3 (a))。これは図 4-1 の直線の場合に相当する。BCl_3 (章末問題 2) のように図 4-1 の正三角形の頂点に向かう結合の場合や, CH_4 (例題 4-4) のように図 4-1 の正四面体の頂点に向かう結合の場合にも, ベルトルの和の計算はやっかいであるが, それぞれの結合の極性は互いに打ち消し合うので, BCl_3 や CH_4 は無極性分子である。

やっかいなベクトルの和を計算するのを省略して簡単に予想する方法として分子の対称性を考える方法がある。仮に CH_4 分子が極性分子であり, 各結合の極性のベクトルの和が 0 でなくある方向を向いていたと仮定してみよう (図 4-4 (b))。次に CH_4 を適当な C−H 結合の回りに回転して軸上にない 3 個の H 原子が隣の H 原子に位置にくるようにすると, 最初の配置にちょうど重ねることができる。このとき考えた極性のベクトルは CH_4 の回転に従って動くが, 元の配置と同じであるのでベクトルは元のまま (図 4-4 (b) 中の点線のベクトル) でなければならないというおかしなことがおこる。考えられるすべての回転でこの 2 つのベクトルが一致するのは結局 0 ベクトル, つまり CH_4 が無極性分子でないとあり得ない。図 4-4 (a) の水の例でも左右の H 原子を入れ替えたときに重なるベクトルは図に示した 2 個の H 原子の中点と O 原子を結ぶ線上のベクトルだけである。

このように**分子の対称性**を考えると複雑な計算をしないで簡単に結果が予想できることが多く, 分子の対称性は数学の群論を用いてまとめられている。群論を用いることはこの本の範囲を越えているので説明しないが, 分子の対称性が大変重要であることを覚えておいてほしい。

例 題 4-10 アンモニア分子 NH_3 の構造を推定し，極性分子かどうか調べよ。

解 答 ルイス構造式を描く。

手順 1 価電子の総数は 5+1×3=8 個。
手順 2 結合電子を配置すると（1）のようになる。残り 2。
手順 3 周りの H 原子のオクテットは完成している。
手順 4 中心の N 原子に残りの 2 個を 1 組の電子対として配置する（2）。
手順 5 中心の N 原子はオクテットが完成しているので，このままでよく，（3）がルイス構造。

アンモニアの構造は N 原子の周りに 4 組の電子対があるので正四面体構造となり，1 箇所が非共有電子対。右下のような三角ピラミッドの構造になる。N の電気陰性度 3.0 は H の電気陰性度 2.1 より大きいので N が $3\delta+$ になり H がそれぞれ $\delta-$ になる。分子全体の極性の軸は N と 3 個の H の中心を通る（つまりピラミッドの垂直方向）軸上になければならない。そうでないとこの軸を中心に 120° 回転させて同じ配置にしたとき極性のベクトルの向きが変わってしまう。電気陰性度から下が＋で上が－となる（4）。

H:N:H
H
(1)

H:N:H
H
(2)

(3)

(4)

分子全体では中性であることを示すために N は $3\delta+$ としたが，この δ は結合での電荷の片寄りを表わしたもので，分子や結合によって異なる大きさを表わすので取扱には注意してほしい。

コラム 化学は実験してみないとわからない

炎色反応の鮮やかな色をみて化学を目指した人も多いと思うが，NaCl などの水溶液とエタノールを混ぜて火をつけると，炎色反応の大きな炎が得られて大変印象的である。2 章で勉強したように，これは Li や Na の原子中の電子のエネルギーが決まった値，エネルギー準位，をもち，このエネルギー準位間を移るときに決まった波長の光を放出するためにその波長の色が鮮やかに見えるのである。スペクトルは 1 本あるいは数本の鋭いピークになる。あるとき，著者の 1 人（YO）は中学生向けに化学の面白さを知らせる目的で，炎色反応とそのスペクトルを測定する演示実験を行うことになった。

あらかじめ，LiCl，NaCl，$CuCl_2$ の水溶液にエタノールを加え，紅と黄，緑の色を確認し，Li，Na のスペクトルが紅と黄色に対応した波長の鋭いピークになることを確認した。ここで Cu も同じだと思って止めてしまった。

さて演示実験の当日は Li，Na と実験をし，きれいな色とスペクトルのピークに中学生は大喜びであった。しかし，Cu の炎は鮮やかな緑なのに，スペクトルにはピークが全く見えない。よく見ると緑色の波長付近に幅広いなだらかな山が見えていた。これは Cu が遷移金属であるため，沸点が約 2560℃ と，アルカリ金属の Li（沸点約 1330℃）や Na（沸点約 880℃）よりも極端に高いため，エタノールの炎の温度が低すぎて，炎の中で Cu 原子になっていないためだと考えられる。Cu_2 のように何個が原子が集まったものが発光しているのであり，原子が集まるとスペクトルがシャープでなくなるので同じ緑色であってもスペクトルはなだらかになる。このことはそのときにすぐ気がついたが，さて，中学生に対してどう説明しようかと，冷汗をかいたことを覚えている。

結局，確かにこうなるだろう予想できても，「化学では必ず実験して確認することが重要だ」，ということである。

章末問題

1）以下の構造式a)，b）には形式電荷を満たすようにルイス式を描き，c）には各原子の形式電荷を示せ。

a）NO_2^+　　b）OCN^-　　c）N_3^-

[O N O]$^+$　　[O C N]$^-$　　[:N̤̈:N:::N̈]$^-$

(0) (1) (0)　　(1) (0) (−2)

2）以下の分子のルイス構造式を描き，立体構造を推定せよ。共鳴構造も示すこと。また，極性分子であるかどうかを説明せよ。

(a) CCl_4　(b) AsH_3　(c) BCl_3　(d) $TeCl_4$

3）以下の分子のルイス構造式を描き，立体構造を推定せよ。共鳴構造も示すこと。また，極性分子であるかどうかを説明せよ。

(a) XeF_4　（Xe が結合を作るときの価電子数は 8）

(b) CO_3^{2-}　（C が中心原子のイオンである）

(c) ClF_3　（Cl が中心原子）

4）エタノール CH_3CH_2OH の，C−C 結合と C−O 結合は単結合である。

CH_3CH_2OH の構造について，2 個の C 原子と O 原子を中心として構造を求め，全体の構造を推定せよ。

5）アセトアルデヒド CH_3CHO の C−C 結合は単結合である。

CH_3CHO の構造について，それぞれの C 原子を中心として構造を求め，全体の構造を推定せよ。

6）ペプチド結合−NHCO−について，C 原子を中心にして，N−H 間は単結合であることを考慮してルイス構造式を描け。ただしこの結合は共鳴構造をもっている。

7）1 つの原子を中心に持ちその周りにハロゲン原子 3 個が結合した AX_3 分子を考える。この分子の形が正三角形，三角錐，T 字型になるとき，それぞれの中心原子 A はどのような原子か，例をあげて説明せよ。

8）Xe を中心原子とする分子 XeF_2Cl_2 には 2 つの異性体が存在する。XeF_2Cl_2

のルイス構造式を示し，それぞれの異性体の立体構造を示せ。またそれぞれの異性体の極性のあるなしを示せ。

5 化学結合の理論

4章では経験的に化学結合から分子の構造を導く方法を説明した。この章では化学結合についてより詳しい理論を説明する。主として原子価結合論と分子軌道法について説明していくが，最初に知っておいてほしいことは，化学結合の理論には2つの目的があることである。1つは量子力学を用いて，例えば結合エネルギーのような実験で得られる量をより正確に予想することである。このような予想値は簡単な式で表すことはできないので，コンピュータを用いた複雑な計算によって近似的に計算される。理論はどのように計算を行っていけば，より少ない計算量でより正確な値が予想できるかを調べるものである。もう1つの目的は化学結合を理論的に考えていくことによって，分子を理解することである。この2つの目的は，近似を正確にすればするほど計算が複雑になって，分子を理解する目的には合わないということがある。ここでは分子を理解することを目的に理論を説明していくが，理論はより正確に実験値を近似してゆくことを目的としていることを忘れてはならない。

5-1 原子価結合理論

(1) 原子価結合

最も簡単な例として2個の水素原子から水素分子 H_2 ができる過程を考えてみよう。最初2個の原子が離れていると，電子はそれぞれの1s軌道に存在しているが，1s軌道には電子2個が入れるのでそれぞれの原子の1s軌道には電子の空席が残っている。この2個の原子を近づけてゆくと，新たに原子核（＋）と原子核（＋）の反発によるエネルギーの増加とそれぞれの原子核（＋）とその原子に属していない電子（－）との引力によるエネルギーの減少，および電子（－）と電子（－）の反発によるエネルギーの増加が加わってくる（図5-1）。

この新たに生じるエネルギーの増減のよる分子のエネルギーは，2つの原子の1s軌道の電子雲がちょうど原子核の間で重なったときに低く

2つの軌道が重なったとき安定になるといっても，もちろん2つの原子を重ねてしまっては核と核の反発が大きくなる。許せる範囲で距離で近づけて重なりを大きくする。またこのとき，原子と同じように，電子のスピンは逆向きにならなければならない。この重なりは交換積分と呼ばれるもので計算されるが，量子力学的な効果によるものである。この交換積分による安定化が電子間の反発による不安定化（これをクーロン積分という）を上回って結合が形成される。しかし，分子が形成されることによる電子雲の変形も結合に寄与し，正確にはかなり複雑である。

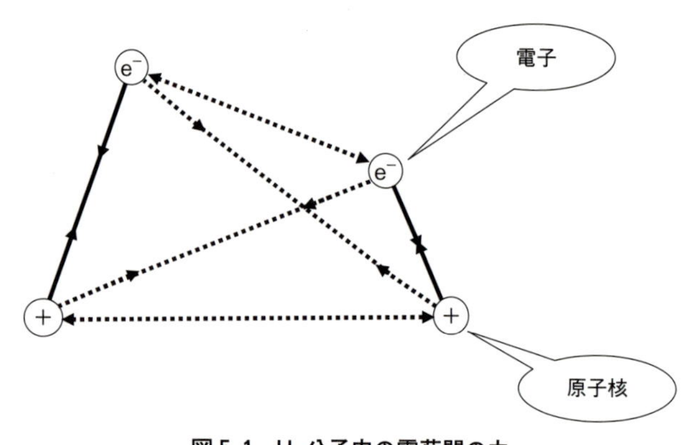

図 5-1　H_2 分子内の電荷間の力
実線は各原子内の力であり点線は分子となったときに生じる力。
矢印の向きは引力，反発力を表す。

なることがわかった。2つの雲が重なると，電子（−）と電子（−）の反発のエネルギーの増加が大きくなるように思うかもしれないが，電子雲は広がっているために空間内で互いに近くにくる確率は小さくてそれほど大きくはならない*。この重なった状態で原子核（+）と原子核（+）の反発よりも，原子核（+）とその原子に属していない電子（−）との引力が上回って結合ができる。このとき一方の原子の電子が他方の原子の1s軌道に入るときには，原子の場合と同じようにもともとあった電子とスピンが逆向きにならないといけない。つまり摸式的に書くと

$$\mathrm{H}\ \underline{\uparrow\ \ }\ +\ \underline{\downarrow\ \ }\ \mathrm{H} \quad \Rightarrow \quad \mathrm{H}\ \underline{\uparrow\downarrow}\ \mathrm{H}$$

となる。

水素分子の場合にはs軌道間の重なりであるが，他の軌道，例えばp軌道と重なってもよい。F原子などのハロゲンはp軌道に1つ空きがあるので，HF分子の結合は

$$\mathrm{F}\ \underline{\uparrow\downarrow}\ \underline{\uparrow\downarrow}\ \underline{\uparrow\downarrow}\ \underline{\uparrow\ \ }\ +\ \underline{\downarrow\ \ }\ \mathrm{H}$$
$$\Rightarrow\ \underline{\uparrow\downarrow}\ \underline{\uparrow\downarrow}\ \underline{\uparrow\downarrow}\ \mathrm{F}\ \underline{\uparrow\downarrow}\ \mathrm{H}$$

のように書くことができ，Fの2p軌道の1つとHの1s軌道との重なりでHF分子ができる。

炭素原子Cは4個の水素原子と結合してメタン分子CH_4を生成するので4つの軌道の空きがなければならない。その結果，C原子の電子は原子でいる場合と分子を形成する場合で電子配置が異なり

* 実際には，電子は互いの反発力によって避け合い，接近することはない。この「互いに避け合う」という事実は，「電子相関」といわれるより高度な計算で考慮される。ここで確率が小さいという意味は，この「電子相関」を無視しても，つまり，電子が避け合うことを無視して2個の電子を空間中に配置しても，近くにくる確率は小さく，大きく計算結果が変わることはない，という意味である。この本では「電子相関」については述べないが，現在の計算では普通に取り入れられている。

原子　C　2s ↑↓　2p ↑　↑　＿

分子　C　2s ↑　2p ↑　↑　↑

となっていることがわかる。孤立した原子の状態では，上の原子での電子配置の方が下の分子での配置よりエネルギーが低くて安定であるが，分子となって結合を形成するときには，結合形成によって下の分子の配置の方が大きく安定になるのである。2 族と 13 族の Be や B でも 2s から電子 1 個が 2p の空いている軌道に移り，それぞれ 2 本と 3 本の結合を作る。

> 原子の軌道に電子が 1 個だけ存在するとき結合の手を形成し，C は 4 本，N は 3 本，O は 2 本，水素とハロゲンは 1 本の手をもつことになる。大原則として覚えておく必要があるが，一方では例外もごく普通にあることも知っておかなければならない。CO は三重結合となり，安定な分子であり，N と O はいろいろな組み合わせで分子をつくる。

分子　Be　2s ↑　2p ↑　＿　＿

分子　B　2s ↑　2p ↑　↑　＿

15 族から 17 族までは p 軌道に電子が 1 個もない軌道がないので，分子中でも原子と同じ電子配置で結合する。また 2 族と 13 族であっても第 3 周期以上では例えば Al のように金属であるので共有結合を考える必要はない。

p 軌道間の重なりでも結合が形成される。図 5-2 に 2p 軌道の電子雲が重なる様子を図示した。原子核の中間に濃い電子の雲が形成されて，2 つの核を引き付けている。

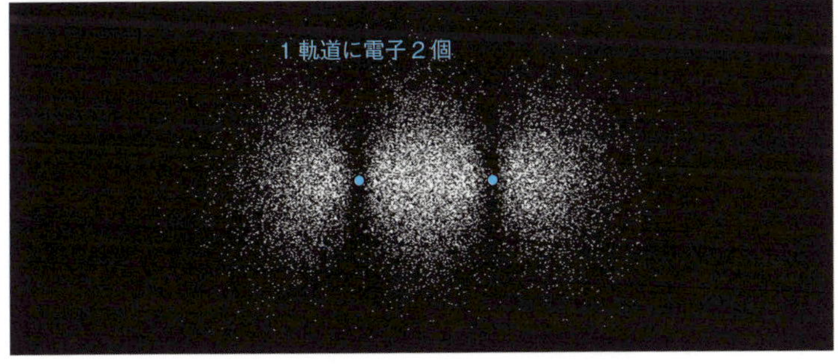

図 5-2　2p 軌道の重なりによる結合の形成

例 題 5-1 **原子価結合を用いて窒素原子が水素原子と結合してアンモニアができるときの結合を説明せよ。**

解 答 アンモニア原子は分子中でも原子と同じ配置

N　2s ↑↓　2p ↑　↑　↑

となる。3つの 2p 軌道すべてに空きがあるので，それぞれが水素の 1s 軌道と重なって分子が形成されるため，N 原子は3個の H 原子と結合できてアンモニア NH_3 が生成する。これは結合をルイス構造式で考えたときと同じ結果である。

このように何本の結合ができるかについては，原子価結合理論でルイス構造式から得られる結果を説明することができる。しかし VSEPR 理論から予想される分子の構造は簡単には説明できない。

上の例題からアンモニアの構造を考えると，3つの 2p 軌道は直交しているので，H-N-H の結合角は 90° と予想されるが，実測の結合角は 107.8° とかなり大きい。4章で学んだ VSEPR 理論の予想値 109.5° のほうが正確である。この点を改良するためには次の**混成軌道**を考える必要がある。

もう1つ例をあげると，CH_4 分子の形は x，y，z 方向に張り出した3つの 2p 軌道との重なりで結合する H 原子との結合は互いに直角方向の3本となり，球対称の 2s 軌道との重なりで結合する H 原子との結合はどの方向を向いていてもよいことになる。分子の形を考えていくには電

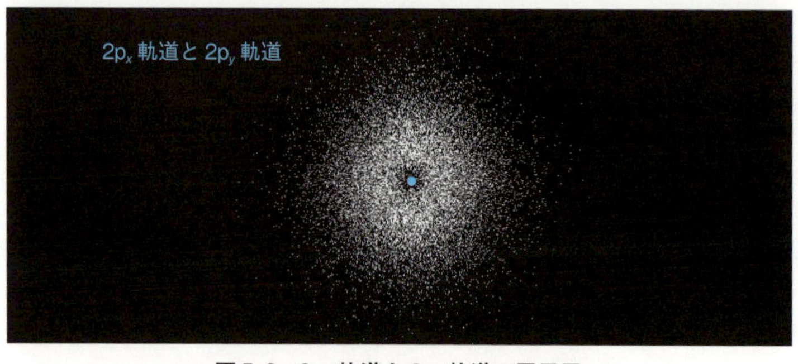

図 5-3　$2p_x$ 軌道と $2p_y$ 軌道の電子雲

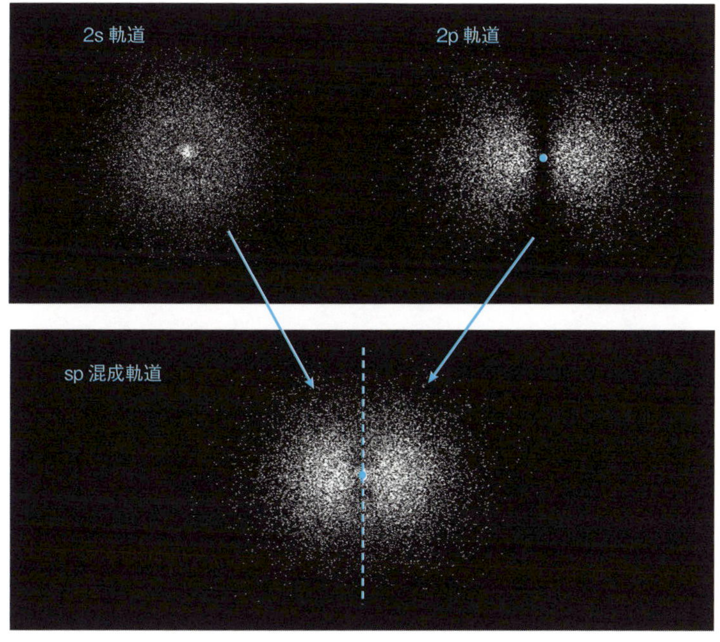

図 5-4　2s 軌道と 2p 軌道の重ね合わせ

子雲の性質をもう少し深く考えていく必要がある。

(2) 混成軌道

電子雲の性質をみるために $2p_x$ 軌道と $2p_y$ 軌道を考えてみよう。図 5-3 にこの 2 つの軌道の電子雲を重ねた図を示す。重ねてみるとドーナツ状の雲になり，それぞれの軌道を全く区別することができないことがわかる。これは当然のことで，x 方向や y 方向というのは我々が原子に対して勝手に軸方向を決めて電子雲を考えただけなので，別の方向で考えても同じようになる必要がある。このことから電子雲（正確には波動関数）は互いに混ざり合って別の軌道を形成することができることを示していることがわかり，このように軌道が混ざり合ってできた軌道を**混成軌道**という。

2s 軌道と 2p 軌道の電子雲を混ぜてみよう。図 5-4 に示したように，この 2 つの電子雲を重ねると左右に張り出した雲になるので，これを真ん中で切って左右をそれぞれ別の雲と考える。これが sp 混成軌道である。波動関数で表すと

$$\Psi_+ = \frac{1}{\sqrt{2}}(\phi_{2s} + \phi_{2pz})$$

$$\Psi_- = \frac{1}{\sqrt{2}}(\phi_{2s} - \phi_{2pz}) \qquad (5\text{–}1)$$

となり，2s 軌道の関数 ϕ_{2s} と $2p_z$ 軌道の関数 ϕ_{2pz} を足したもの Ψ_+ と，

（5-1）の波動関数の係数 $1/\sqrt{2}$ は波動関数の 2 乗が分子の存在確率を示すようにするための係数である。電子はどこかに 1 個存在するので，波動関数を 2 乗したものを全空間で積分したとき 1 にならなければならない。波動関数の形を考えるときには重要ではない

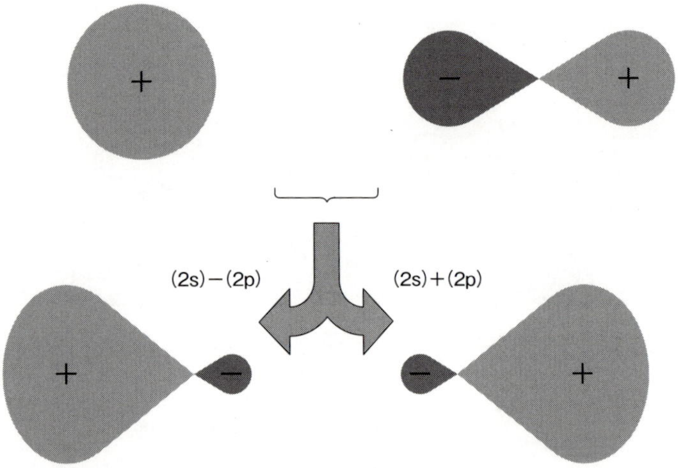

(2s)−(2p)

(2s)+(2p)

図 5-5　2s と 2p 軌道の加減による sp 混成軌道

波動関数は波であるので上に振れた場合（＋で示した）と下に振れた場合（−で示した）がある。電子雲は波動関数を 2 乗するので，どちらも＋になるが，上に振れた場合と下に振れた場合を「位相が逆」という。

引いたもの Ψ_{-}になる。ここで注意しなければならないことは，波動関数は波であるため p 軌道の波は右側が上がったとき左側は下がり，右側が下がったとき左側は上がるというように逆に振動していることである。そこでこれを図 5-5 中の＋と－で示した。電荷の＋，－と混同しないようにしてほしい。s 軌道は全体がひとつの山だから仮に＋としておくと，式(5-1) の波動関数 $\phi_{2s}+\phi_{2pz}$ は右側では 2s 軌道の＋と 2p 軌道の＋が加わり大きな＋の値をもち，左側では 2s 軌道の＋と 2p 軌道の－によって少しだけ－になる。結局，波動関数は図 5-5 のように右側に張り出したものになる。一方，式(5-1) の波動関数 $\phi_{2s}-\phi_{2pz}$ は左側に張り出した波動関数になり，式(5-1) の 2 つの関数はちょうど図 5-4 の左右の雲に対応している。

図 5-4 の下の電子雲は一見 2p 軌道に似て見えるかもしれないが，2p 軌道が両側を合わせて 1 つの軌道であるのに対して，図 5-4 の図は軌道が 2 つであるので，この両者は全く異なっている。ここで混成軌道を形成するときの重要な規則は下の 2 つである。

この「混ざり合う」ということも電子が波であることの結果である。粒子どうしが混ざりあうことはないが，波は重なることができる。

① 波動関数は**エネルギーの近い軌道**で混ざり合いがおきる。例えば 1s 軌道と 2s 軌道が混ざり合うことはない。

② 混ざり合うとき**軌道の数は変化しない**。2s 軌道と 2p 軌道の 1 つが混ざり合ってできる sp 混成軌道の軌道の数は 2 つである。

sp 混成軌道は結合を形成することのできる電子が 1 個しか入っていない軌道が 2 つ反対側にできるので，原子価殻電子対反発理論で述べた $BeCl_2$ や CO_2 のような直線型の分子の中心原子の軌道となる。以下，正

図 5-6 sp^2 混成軌道の模式図

三角形型などいろいろな形の結合を形成する混成軌道について述べてゆく。

同じ電子殻の s 軌道と p 軌道 2 つから sp^2 混成軌道が形成される。p 軌道 2 つの電子雲を重ねると図 5-3 のようにドーナツ型の雲になり，これに s 軌道を重ねるとドーナツの中心部を s 軌道の雲が埋め，平らな円盤状の雲になる。混成の規則②より軌道の数 3 は変わらないので，sp^2 混成軌道のそれぞれの軌道はこの雲を 3 等分したものになる。模式図を図 5-6 に示した。3 等分されているので結合は正三角形の頂点に向かうようになる。BCl_3 や SO_3 のような正三角形型の分子の中心原子は sp^2 混成軌道をもつ。

同じ電子殻の s 軌道と p 軌道 3 つから sp^3 混成軌道が形成される。p 軌道の 3 つの電子雲を重ねると，中心部に隙間のある球形の雲になり，これに s 軌道を重ねると中心部の隙間を s 軌道の雲が埋めて球形の雲になる。sp^3 混成軌道は軌道の数が 4 であるので，sp^3 混成軌道のそれぞれの軌道はこの雲を 4 等分したものになる。この区切り方は少しわかりにくいが，等分に区切るには正四面体の頂点方向に広がった雲に分ける必要がある。このように C 原子の周りに正四面体の頂点方向に張り出した混成軌道が 4 つでき，それぞれ電子が 1 個しか入っていないので水素の 1s 軌道と重なることによって正四面体型の CH_4 分子が形成されるのである。水分子 H_2O でも O 原子の周りに sp^3 混成軌道が形成されるが，このうち 2 つは電子 2 個が入った孤立電子対で占められており，残り 2 つには電子が 1 個しかなく，H 原子と結合をつくることになる。

三方両錐型分子や正八面体型分子では，それぞれ中心原子の混成には 5 つと 6 つの軌道が必要となるが，s 軌道と p 軌道の軌道の数の合計 4 を超えているので，d 軌道を使う必要がある。三方両錐型分子では s 軌道と p 軌道 3 つに加えて d 軌道を 1 つ使い，sp^3d 混成軌道を形成する。

分子構造と混成軌道の関係

分子構造	電子対の数	混成軌道
直線	2	sp
正三角形	3	sp^2
正四面体	4	sp^3
三方両錐体	5	sp^3d
正八面体	6	sp^3d^2

正八面体型分子では使うd軌道が2つになりsp^3d^2混成軌道となる。混成の規則①からd軌道はs軌道とp軌道と近いエネルギーをもっていなければならないので，同じ電子殻にd軌道をもたない第2周期のC，N，O原子などはsp^3dやsp^3d^2混成軌道を作ることはない。

例題5-2 **以下の分子について，中心原子の混成軌道を示せ。**

(a) CCl_4　(b) AsH_3　(c) BCl_3　(d) $TeCl_4$

解答 それぞれの形から混成軌道がわかる。(a) CCl_4は正四面体構造であるからsp^3混成軌道，(b) AsH_3も正四面体構造であるからsp^3混成軌道，ただし3つの軌道が水素の1s軌道と重なって結合を形成し，1つは孤立電子対で占められる。(c) BCl_3は正三角形構造であるからsp^2混成軌道，残ったp軌道は例外的に空になっている。(d) $TeCl_4$は三方両錐体構造であるからsp^3d混成軌道である。(4章章末問題2) 参照)。

(3) 多重結合

混成軌道を用いると多重結合が形成される理由も説明できる。二重結合の例としてエチレン分子C_2H_4を考えてみよう。エチレンのルイス構造は

```
H:C::C:H
  ..  ..
  H   H
```

のようになる。それぞれのC原子の周りの結合は正三角形型になり，sp^2混成軌道をとっていることがわかる。ではこのとき混成に加わっていない2p軌道はどうなっているのであろうか。もし，混成が2s，$2p_y$，$2p_z$の軌道で起きているとすると，$2p_x$はそのまま残されていなければならない。このとき図5-6のsp^2混成軌道はyz平面内に広がっているので，$2p_x$軌道は図5-7のように紙面の手前と奥に張り出していることになる。$2p_x$軌道には電子が1個しか入っていないので，原子価結合を形成することができる。エチレンでは図5-7のように紙面の手前と奥で隣り合ったC原子の$2p_x$軌道が重なって結合ができ，混成軌道のC—C結合と合わせて二重結合をつくっているのである。図5-8に横から見た電子雲の重なりの様子を示した。注意すべきことは$2p_x$軌道は上下の雲で1つの軌道であるから図5-8の上下の重なりの両方で結合が1つできることである。

このように二重結合は原子と原子を結ぶ線上で重なった結合と，線の両脇で重なった結合の2種類の結合でできている。この線上で重なった結合を**σ結合**といい，両脇で重なった結合を**π結合**という。

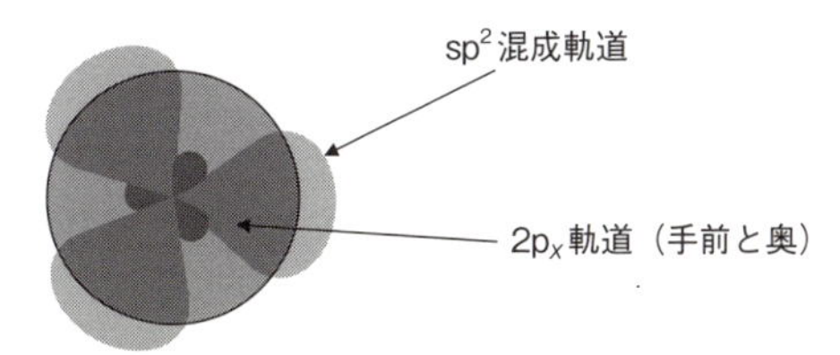

(a) sp^2 混成軌道と $2p_x$ 軌道

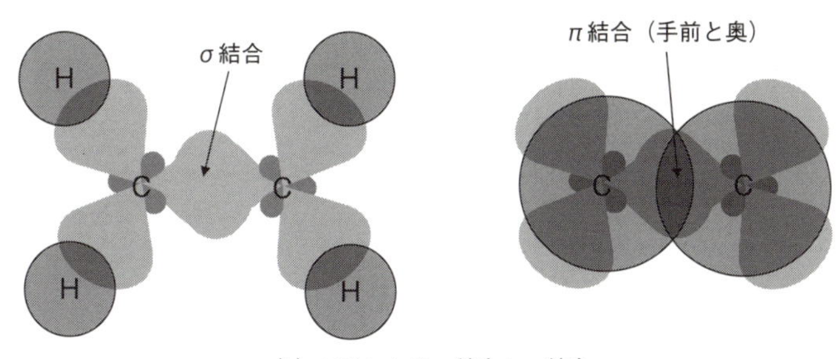

(b) エチレンのσ結合とπ結合

図 5-7

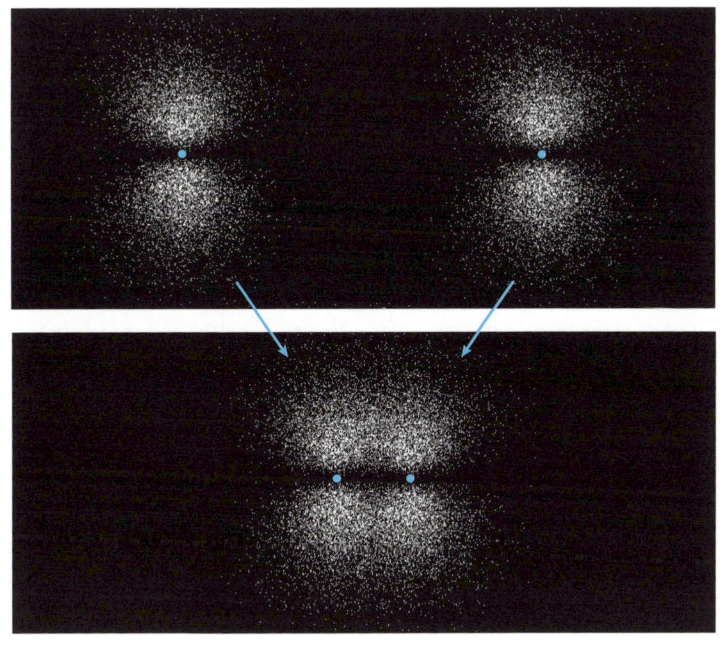

図 5-8　$2p_x$ 軌道の電子雲の重なりによるπ結合

4章で，分子全体の構造を考えるときに単結合で結合している原子は結合軸の回りで回転できることを述べたが，二重結合によって結合している原子は回転させることができない。二重結合ではπ結合が形成されるために，図 5-7 や図 5-8 のように p 軌道どうしが重なる必要があるので，2つの p 軌道は平行になっていなければならない。回転させると重なりがなくなり結合が切れてしまうのである。p 軌道が平行であるためそれぞれの sp^2 混成軌道は同じ面内にあり，その結果，二重結合によって結合している原子の結合はすべて同じ面内に存在することになる。

このσ結合とπ結合の名前の理由は 5-2 で説明する。

エチレンはCとHの6個の原子がすべて同じ平面内に存在する平面分子である。

三重結合の例としてはアセチレンC_2H_2があるが，ルイス構造式は

H:C⋮⋮C:H

となる。それぞれのC原子の周りの結合は直線型になり，sp混成軌道をとっていることがわかる。この場合もし混成が2s，$2p_z$の軌道で起きているとすると，$2p_x$，$2p_y$はそのまま残ることになる。このときsp混成軌道はz軸方向に広がっているので，$2p_x$，$2p_y$はxy平面内で図5-3のようなドーナツ型の雲を形成している。$2p_x$，$2p_y$軌道にはそれぞれ電子が1個しか入っていないので，原子価結合を形成することができ，隣り合ったC原子のドーナツ型の雲が重なって2本のπ結合ができ，混成軌道のC—C結合（σ結合）と合わせて三重結合をつくる。二重結合が上下の重なりで結合が1つできるのに対し，上下と前後の4箇所で重なって結合2本ができる。この2本はπ結合であり，σ結合1本と合わせて三重結合となる。

例　題5-3　アセチレン分子C_2H_2について，VSEPR理論からC原子の混成軌道を決め，原子価結合理論により結合ができるようすを図示して説明せよ。

解　答　アセチレンの全価電子数は4×2+1×2=10であり，2本のCH結合とCC結合に各2個，合計6個の電子を配置すると4個残り，これをCC間に配置して三重結合にするとすべての原子でオクテットが完成する。その結果，VSEPR理論から

H—C≡C—H

のように直線構造になる。H原子2個とC原子2個が直線となっており，2個のC原子がsp混成になっていることがわかる。

それぞれの原子の電子雲は右の図のようになり，原子では軌道に1個の電子しか存在しないので，その重なりで結合ができる。CH結合はHの1s軌道とC原子のsp混成軌道の重なりでσ結合ができる。結合次数は1である。CC結合は，sp混成軌道間の重なりでσ結合ができ，C原子のsp混成軌道に加わらない2p軌道が，結合軸の上下と手前と奥に広がり，図のようにその重なりでπ結合ができる。

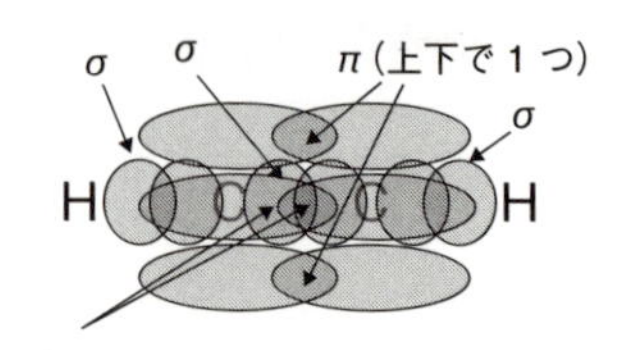

三重結合のπ結合の重なりは，ちょうどドーナツを2つ重ねたような状態であるため回転させても重なりがなくなることはないが，sp混成軌道により結合は一直線になっていて，結合している原子のもう1つの結合は回転しても方向が変わらないので，回転を考えること自体が無

意味である。

ここで原子価結合理論から4章で述べたルイス構造を描く手順や原子価殻電子対反発理論を説明しておく。ルイス構造を描く手順2で結合に電子対を1つ配置するのは，σ 結合が形成されることを意味している。手順5で中心原子のオクテットを完成させるために原子間に価電子を移動させるのは π 結合が形成されることに対応する。このときの電子対は実際には原子間に存在するわけではなく，結合の脇での重なりによって結合しているので，原子価殻電子対反発理論で構造を考えるときに原子の周りの電子対として数え上げてはいけないのである。そのため多重結合でも1つの電子対として考える。原子価結合理論でも簡単に説明できないのは共鳴の現象である。共鳴を比較的簡単に理解するには次節の分子軌道法が適当である。

5-2 分子軌道法

この節では分子軌道法について説明する。原子価結合理論で述べたように，ある原子の電子の波動関数（電子雲）は互いに混ざり合って新しい軌道をつくることができる。この考え方を進めると，別の原子の軌道であっても混ざり合わせて軌道（電子雲）をつくれることになる。実際，図5-8に示した $2p_x$ 軌道の重なりを表した図は，2つの原子にまたがった1つの軌道の電子雲であるかのように見える。5章のルイス構造の手順1においても，価電子の総数だけを考えており，個々の電子がどの原子に属しているかは考えていない。このことは電子の入る軌道もそれぞれの原子に属していると考える必要がないことを意味している。分子軌道法では分子全体で軌道を考えて，そこに電子を詰めていくものである。この分子全体で考えたときの軌道を**分子軌道**という。

分子軌道を考えていくときに困ることは，原子ではシュレディンガー方程式が正確に解ける水素原子をもとに軌道のエネルギーが推定できるのに対し，2つ以上の原子核から力を受けている分子では軌道のエネルギーは分子ごとに大きく異なり，簡単にはわからないことである。それぞれの分子について軌道のエネルギーを求める必要があり，膨大な計算を行う必要がある。しかし，この点がコンピュータを用いた計算で解決されたために，分子軌道法のよる計算が急速に発展してきた。結合エネルギーなどもかなり正確に計算できるようになってきているが，ここでは分子軌道が原子の軌道の混ざり合わせでできており，エネルギーが近いこと（混成軌道の性質①），軌道の節が多くなると運動エネルギーが高くなること，などを比較的簡単な2原子分子を中心に説明していく。

節が多くなると波長λは小さくなる。ドブロイ波長の式(2-5)から速度vが大きくなり，運動エネルギーが大きくなる。

(1) 水素分子の分子軌道

最も簡単な分子である水素分子の分子軌道はH—Hの結合距離だけ離れた原子核の周りにできる電子の軌道であり，節の全くないものと，平面の節が1つだけある軌道を考えれば十分である。節は原子と同じように平面と球面（この場合は軸方向に伸びた楕円体面）の節を考えると，平面の節は軸を含んで垂直な2つの面と軸に直交して2つの原子核の真ん中にある面の3つが考えられる（図5-9）。結合軸をz軸として面に名前を付けている。

それぞれの軌道のエネルギーを原子核近くのようすから考えてみよう。節のない雲は，各原子核の回りに節はなく，1s軌道と似ているのでエネルギーは低いだろう。これをσ_{1s}と呼ぶ。xy面の節をもつ雲もそれぞれの核の周りでは1s軌道に近いのでエネルギーは低いだろう。これを$\sigma_{1s}{}^*$と呼ぶ。この2つの軌道に対して，球面の節をもつ雲は，各原子核の回りに球面に近い節を1つもち，2s軌道に近い。原子核を通る面，xz面とyz面の節をもつ雲は，各原子核の回りで中心を通る節を1つもち，2p軌道に近い。2s，2p軌道は1s軌道よりもずっと大きなエネルギーをもつので，2s，2p軌道に近い分子軌道もエネルギーがかなり高いことが予想される。結局，水素分子の分子軌道のエネルギーの低いもの2つはこのσ_{1s}と$\sigma_{1s}{}^*$の軌道であることがわかる。電子雲のようすを図5-10に示した。ではどちらがエネルギーのより低い軌道であろうか。ここで**σ_{1s}軌道**と**$\sigma_{1s}{}^*$軌道**の雲をみてみると，σ_{1s}軌道は原子核と原子核の間に雲があり，核の＋と電子の－が引き合って安定になっているのに

σと下にでてくるπはそれぞれsとpのギリシャ文字で，あとで詳しく説明するが，結合軸を含む面の節がないもの（核と核の間の軸上に電子雲があるもの）がσ，1つあるものがπである。右下の1sは核付近で近い軌道名であり，反結合性では右上に＊を付ける。以上のことからσ_{1s}や$\sigma_{1s}{}^*$の名前が付けられる。

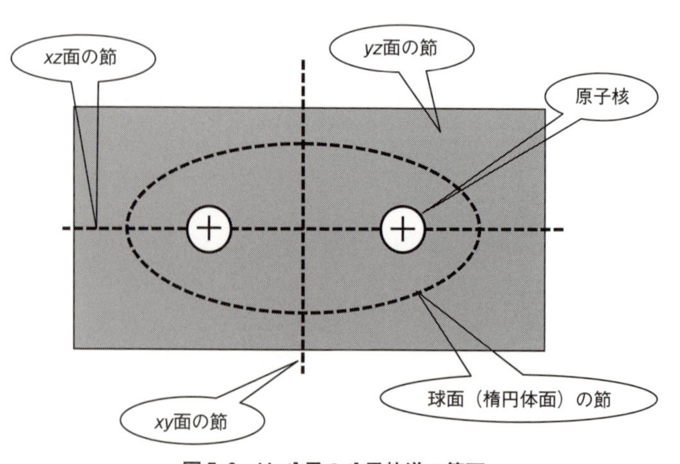

図5-9　H_2分子の分子軌道の節面

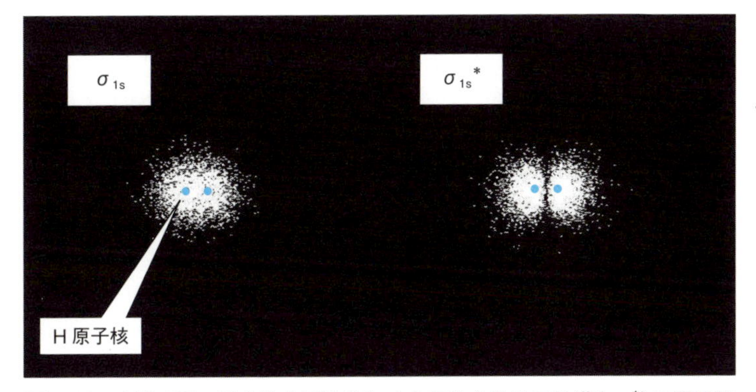

図 5-10　水素分子の結合性分子軌道(σ_{1s})と反結合性分子軌道(σ_{1s}^*)の電子雲

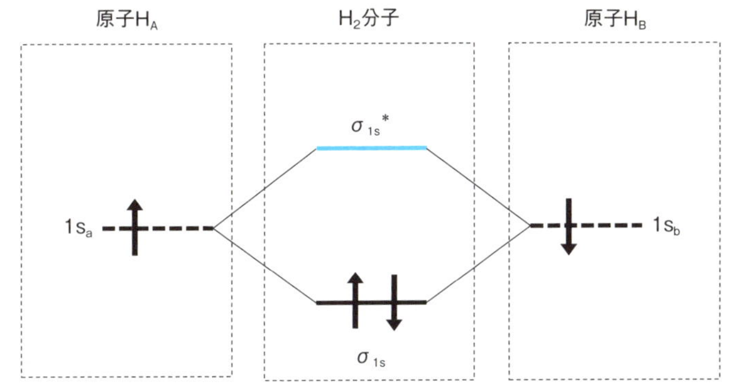

図 5-11　水素分子の分子軌道のエネルギー

水素では分子を形成すると 2 個の電子のエネルギーが下がるが，一方，ヘリウムでは分子を形成しても，低いエネルギー準位には 4 個の電子のうちの 2 個しか入れず，残りの 2 個は高いエネルギーもつので安定化できず，原子のままでいることになる。

対し，σ_{1s}^*軌道の雲では核と核の間に節があるため雲が少なく，核と核の反発をうまく安定化させていない。このことからσ_{1s}軌道のほうが低いエネルギーをもつことがわかる。この違いは分子を形成していることで生じるものである。

次に原子と同じようにここに電子を詰めていこう。H_2分子全体では 2 個の電子があるので，この 2 個の電子はスピンを逆向きにしてどちらもσ_{1s}軌道に入り，σ_{1s}^*軌道は空であることがわかる。ここで仮にHe_2分子を考えてみると，この場合も分子軌道は水素と同じようにσ_{1s}軌道とσ_{1s}^*軌道のエネルギーが低いが，電子数は 4 個であり，σ_{1s}軌道とσ_{1s}^*軌道の両方に 2 個ずつ入ることになる（右図）。He は分子を形成しないので，σ_{1s}軌道に入った 2 個の電子によって安定になったエネルギー分が，σ_{1s}^*軌道に入ったことによって失われたことになる。以上のことを図 5-11 にエネルギー図で表した。結合をつくるσ_{1s}軌道は**結合性軌道**であり，その結合を打ち消すσ_{1s}^*軌道は**反結合性軌道**である。

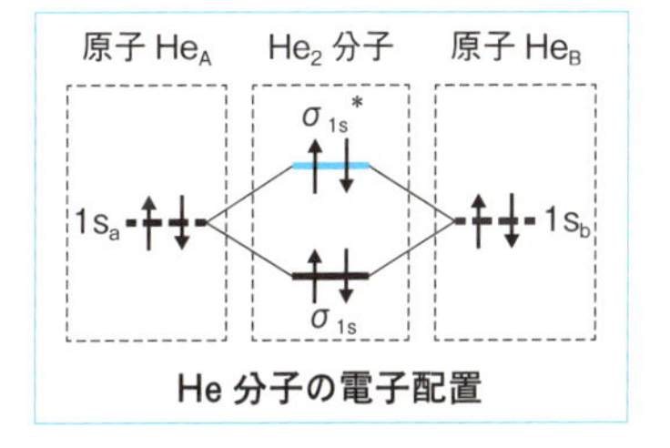

He 分子の電子配置

結合次数を考えてみよう。水素分子は単結合であるから結合次数は 1 である。結合性軌道に入った電子で考えると 1 個あたり 0.5 の次数に寄与していることになる。一方，反結合性軌道に入った電子はこれをキャンセルするので-0.5の寄与があると考えればよい。まとめると，

$$\textbf{結合次数} = \frac{(\text{結合性軌道の電子数}) - (\text{反結合性軌道の電子数})}{2} \quad (5\text{-}2)$$

となる。

例　題5-4　水素分子イオン H_2^+ の結合次数を求めよ。

解　答　イオンになって電子1個を失っているので，H_2^+ の電子数は1個である。この1個もちろんエネルギーの低い σ_{1s} 軌道に入る。結局，結合性軌道の電子数は1で，反結合性軌道の電子数は0であり，

結合次数 ＝ (1－0)／2 ＝ 0.5

となる。

(2) 第2周期の2原子分子の分子軌道

水素分子での考え方は2原子分子にそのまま拡張でき，最も低いものが σ_{1s} 軌道であり次に $\sigma_{1s}{}^*$ 軌道がくる。しかし，電子数が増えてくるので第2周期の元素の2原子分子を考えるときには節の数が2つ以上のものも考えなければならない。

最初に節が1つで残ったものを考える。残ったもので球面の節を1つもつ雲は2sに近く，これは $\boldsymbol{\sigma_{2s}}$ **軌道**である。核と核の間にも雲があるので結合性軌道である。yz 面と xz 面の節をもつ雲は $2p_x$ と $2p_y$ に近く，結合軸を含む面の節をもつため π 軌道であるが，両脇に雲があって核と核を引きつけているので結合性があり，結局軌道は π_{2p} となる。この $\boldsymbol{\pi_{2p}}$ **軌道**には xz 面と yz 面の節をもつ2つの軌道があるが回転させると同じものなので等しいエネルギーをもって縮退している。この π_{2p} 軌道は図5-8で2つの $2p_x$ 軌道の重なりを示した雲を1つの軌道の雲として考えたものである。

実際には第2周期以上の元素の2原子分子では1s軌道はそれぞれの原子核の周りに強く引き付けられているので，分子軌道で考えても，それぞれの1s軌道のままで考えてもよい。どちらでも同じエネルギーになり，結合には関係しない。重要なのは価電子の軌道である。

原子でp軌道には x，y，z の方向に分かれた3つの状態があり，同じエネルギーをもっていることを学んだ。同じように π には x と y の方向に分かれた2つの状態があり，同じエネルギーをもっている。

次に2つの節をもつ雲として球面の節が2つのものは原子核付近では3s軌道に近く，球面の節1つと xz 面あるいは yz 面の節をもつものは3p軌道に近いので，どちらもエネルギーは高い。3p軌道が球面の節1つと核を通る平面の節をもつことを思い出してほしい。ところが球面の節と xy 面の節をもつものは xy 面が原子核を通らないので球面の節が1つの2s軌道に近く，エネルギーは低くなる。核と核の間の電子雲は薄いので，これは反結合性の $\boldsymbol{\sigma_{2s}{}^*}$ **軌道**である。xy 面と yz 面の節および xy 面と xz 面の節をもつ雲は原子核付近では $2p_x$ と $2p_y$ に近く，回転させると重なるので同じエネルギーをもつ。xy 面の節があるため核と核の間の電子雲は薄く，二重に縮退した反結合性の $\boldsymbol{\pi_{2p}{}^*}$ **軌道**となる。xz

面の節と yz 面の節の両方をもつ雲は核付近で核を通る平面の節を 2 つもつ 3d 軌道に近く，やはり第 2 周期の元素では高いエネルギーをもつので考えなくてよい。

例 題 5-5 2p 軌道の間でできる結合性分子軌道 π_{2p} と反結合性分子軌道 $\pi_{2p}{}^*$ について，電子雲の図を描いて，なぜ結合性や反結合性になるか説明せよ。

解 答 2 つの原子の $2p_x$ 軌道は右の図のようになり，分子軌道はこれらの和から π_{2p}，差から $\pi_{2p}{}^*$ができる。ここで図中の白色と灰色は波動関数の符号が＋であるか－であるかを表している。図中の太字の＋は原子核を表している。和からできる軌道 π_{2p} では原子核の間の結合軸の両側に電子雲があり，(＋)—(－)—(＋) で核を引きつける。これは結合性軌道である。一方，差からできる軌道 $\pi_{2p}{}^*$ では原子核の間に節ができ電子雲がなく，＋電荷をもつ原子核の反発で不安定になる。また，波長が短くなるため運動エネルギーも大きい。これは反結合性軌道である。

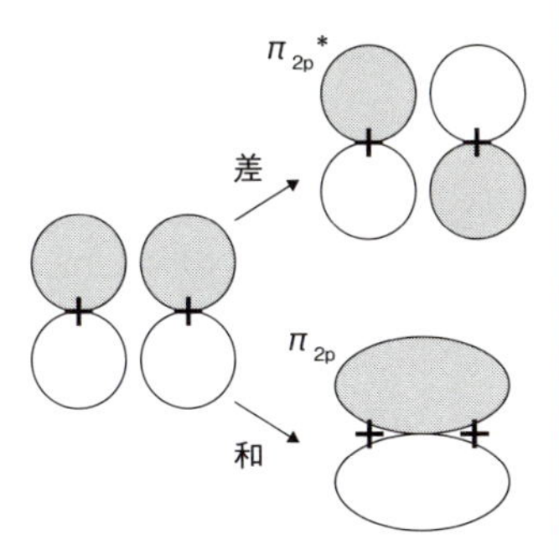

ここまでで 2s 軌道に近いものが 2 つと，$2p_x$ と $2p_y$ 軌道に近いものが 4 つみつかった。2 原子分子では軌道の数は原子 1 個の場合の 2 倍になるので，2s，$2p_x$，$2p_y$ 軌道に近いものはすべてみつかったことになる。しかし $2p_z$ 軌道に似た分子軌道は，これ以外の節の組合せで探していく必要がある。ここでどのような節であればエネルギーが高くならないか考えてみると，水素分子では節 1 つのもののうちで，結合軸に垂直な xy 面の節が 1 つある $\sigma_{1s}{}^*$軌道だけが低いエネルギーとなっていることがわかる。このことから，結合軸に垂直な節面が増えてもエネルギーが低いことがわかる。結合軸に垂直な節の面として，それぞれの原子核を通る 2 つの面をもつ雲が，原子核付近では $2p_z$ 軌道に近く，核と核の間に節がないので結合性の **σ_{2p} 軌道**である。これに対し結合軸に垂直な節の面として，原子核を通る 2 つの面に加えて，核と核との中間にこれまで xy 面の節と言ってきたものを加えた雲が，核と核の間に節が生じたため反結合性となり，**$\sigma_{2p}{}^*$ 軌道**となる。σ_{2p} 軌道と $\sigma_{2p}{}^*$ 軌道を模式的に表したものを図 5-12 に示した。

ここで分子軌道の名前の付け方を説明する。結合軸を含む面の節の数が 0 のものが σ，1 のものが π，2 のものが δ であり，これは原子の s，p，d 軌道をギリシャ文字に置き換えたものである。原子価結合論で軸上での重なりによって生じた結合を σ 結合，両脇での重なりで生じた

波は節を越えて動いてゆくので，波動関数に節があると，電子は節の面に垂直に動き，軸を含む面の節があると電子は軸の周りを回転していることになる。σ 軌道の電子は軸周りの回転はなく，π 軌道の電子は回転している。δ 軌道ではさらに速く回転している。回転には右まわりと左まわりがあるので，π や δ 軌道では準位は二重に縮退している。

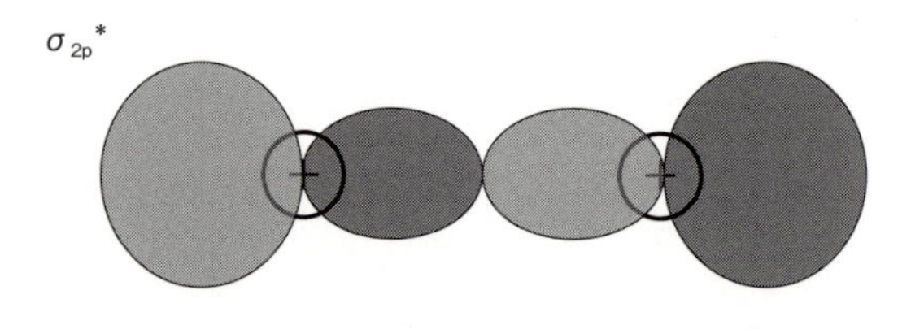

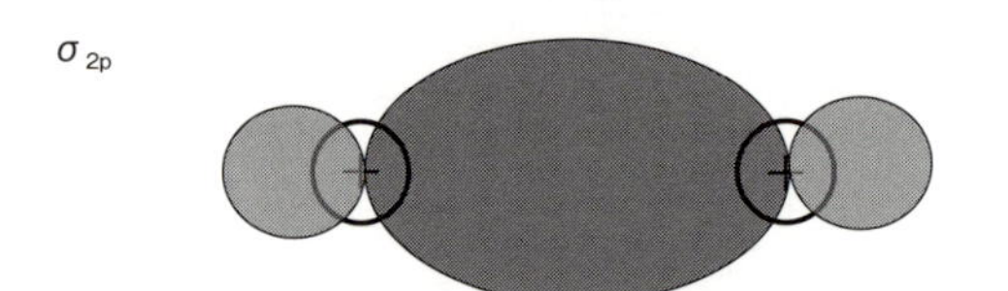

図 5-12　σ_{2p} と $\sigma_{2p}{}^*$ の波動関数の模式図

結合をπ結合とよぶのはここからきている。この分子軌道の右下に関連する原子軌道名を入れ，反結合性軌道の場合には右肩に＊印を付ける。p 軌道が関連する分子軌道が必ずしもπ軌道になるわけではない。p_x と p_y 軌道が関連するのはπ軌道であるが，p_z 軌道と関連するのはσ軌道であることに注意してほしい。

分子軌道を，原子軌道を足したり引いたりしたもので表わす近似，Linear Combination of Atomic Orbital–Molecular Orbitals（LCAO–MO）近似は分子軌道と原子軌道の関係を簡潔に表している。この近似では分子軌道を $\Psi_{\sigma 1s}$，$\Psi_{\sigma 2p^*}$ などとすると

$$\Psi_{\sigma 1s} = \frac{1}{\sqrt{2}}(\phi_{1sA} + \phi_{1sB})$$

$$\Psi_{\sigma 1s^*} = \frac{1}{\sqrt{2}}(\phi_{1sA} - \phi_{1sB}) \tag{5-3}$$

となる。ここで，ϕ_{1sA}，ϕ_{1sB} は原子 A，B それぞれの 1s 軌道である。LCAO–MO 近似で考えると，上で説明した 2 原子分子の分子軌道は，すべて式(5-3) と同じように，ここまで「関連する」と述べてきた 2 つの原子の同じ軌道を加えたものと引いたもので表される。例えば，σ_{2p} 軌道と $\sigma_{2p}{}^*$ 軌道は

$$\Psi_{\sigma 2p} = \frac{1}{\sqrt{2}}(\phi_{2sA} + \phi_{2sB})$$

$$\Psi_{\sigma 2p^*} = \frac{1}{\sqrt{2}}(\phi_{2sA} - \phi_{2sB}) \tag{5-4}$$

LCAO–MO 近似の式(5-3)，(5-4) などは混成軌道の式(5-1) と同じ形をしている。これは，波動関数の混ざり合いが混成軌道や分子軌道を

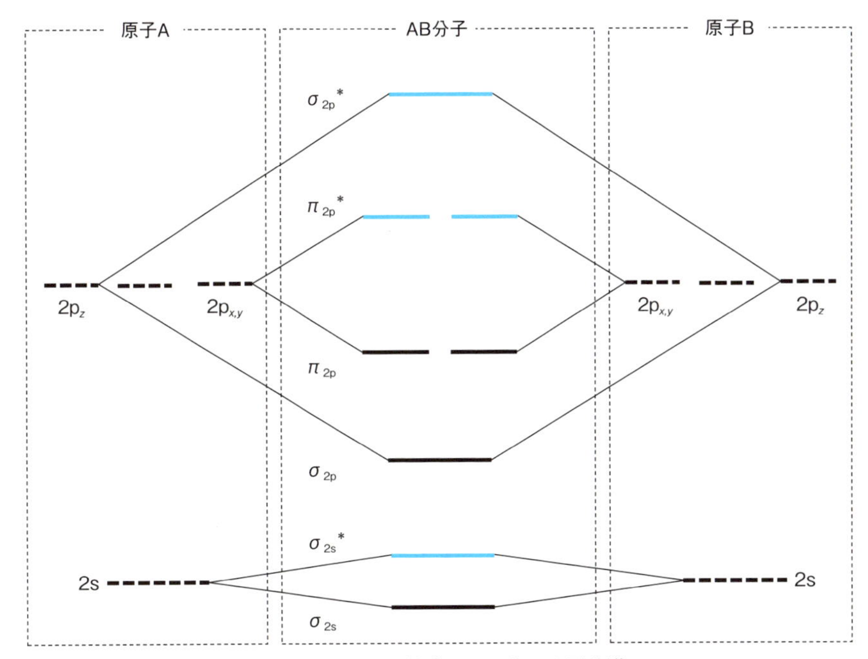

図 5-13　2s，2p 軌道からできる分子軌道

考えるときのスタートとであるため同じ形になっているもの。これまで述べたように，分子軌道そのものはあくまで分子全体に対して電子の軌道を考えたものであることを忘れてはならない。式(5-3)，(5-4) は分子軌道がおおよそどのような形の波動関数であるかを考えるためのものである。一方，原子価結合理論では，軌道はあくまでそれぞれの原子のものであり，その重なりで結合を考える。分子軌道を式(5-3)，(5-4) などで近似すると，この分子軌道 $\Psi_{\sigma 2p}$，$\Psi_{\sigma 2p^*}$ はもとの原子軌道よりも高いエネルギーをもつものと低いエネルギーをもつものに分かれ，そのエネルギーの上昇と低下はほぼ同じになる。このことから，2s 軌道と 2p 軌道からできる分子軌道のエネルギーの概略を描くと図 5-13 のようになる。1s 軌道に対する図 5-11 も同じように描かれている。

図 5-11 と 5-13 をまとめると第 2 周期の元素の 2 原子分子の分子軌道のエネルギーを描くことができる。図 5-14 にいくつかの例についてそれぞれの分子軌道のエネルギーの高さの順番を示した。N_2 と O_2 の間で順番が変わることに注意してほしい。これは原子核のプラス電荷が大きくなるにつれて π 軌道よりも σ 軌道のほうがより安定になってくるためである。

図 5-14 には下の準位から順に詰めていったときの電子も描いてある。B_2 と O_2 が特徴的であることがわかる。O_2 で説明すると，下から詰めていったときの最後の 2 個の電子は $\pi_{2p}{}^*$ 軌道に入ることになる。上で

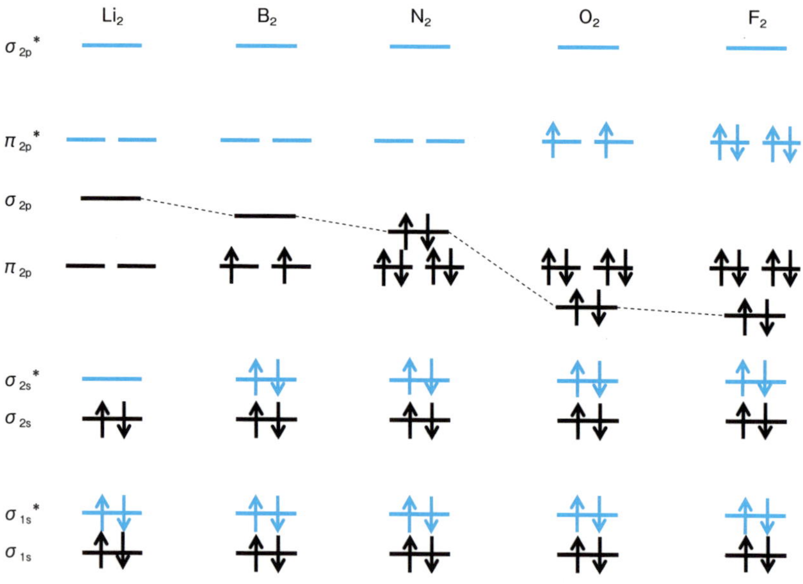

図 5–14　いくつかの第 2 周期元素の 2 原子分子の分子軌道

説明したように $\pi_{2p}{}^*$ 軌道は 2 つの同じエネルギーをもつ状態がある。このとき，原子で説明したフントの規則を思い出してほしい。この場合もフントの規則に従って電子は別の状態に分かれて入り，スピンは同じ方向をもつ。B_2 も同様の電子の入り方となる。このように対になっていない電子（**不対電子**）が存在すると磁石に対して引き付けられるようになる。実際，酸素を液体にして液滴にすると磁石に引き寄せられる。不対電子が存在すると他の原子や分子と原子価結合をつくることができるので，反応性が高く，普通の分子として安定に存在するものは少ない。酸素は大気中に存在して我々のよく知っている分子であるが，電子構造からみるとめずらしい例である。なお，式(5–2) から酸素の結合次数を計算すると 2 になる。以上のことは分子軌道で考えて初めて理解できることであり，ルイス構造式では描いて説明することができない。

> この酸素分子の独特の電子構造が，ものを燃やせる原因であり，人類の発展のもとになったものである。

例　題 5–6　**酸素分子がイオン $O_2{}^+$，あるいは $O_2{}^-$ になったとき，結合エネルギーの大きさが O_2 分子に比べてどのように変化するかを，分子軌道理論から説明せよ。**

解　答　O_2 分子の全電子数は 16 であり，分子軌道には図 5–14 のように電子が入っていく。結合性軌道には 10 個の電子が入り，反結合性軌道には 6 個の電子が入る。その結果結合次数は（10 −6）÷2=2 になる。$O_2{}^+$ の全電子数は 1 つ少なく 15 であり，図の右側のようになって結合性軌道に 10 個，反結合性

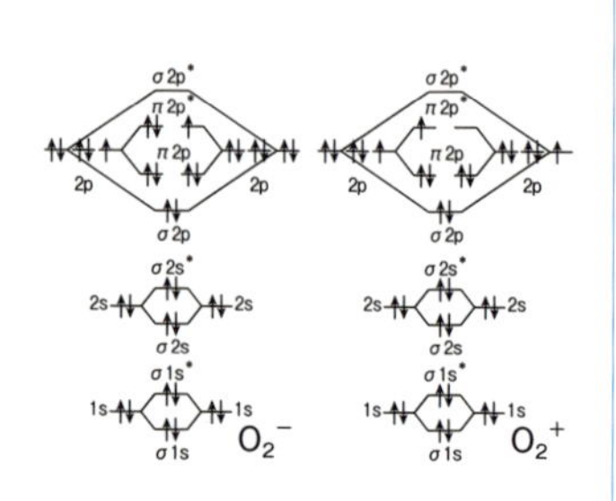

軌道に5個で結合次数は（10－5）÷2＝2.5である。この結果 O_2 分子は O_2^+ イオンになると結合次数が大きくなるので結合エネルギーも大きくなる。一方，O_2^- の全電子数は1つ多く17であり，図の左側のようになって結合性軌道に10個，反結合性軌道に7個で結合次数は（10－7）÷2＝1.5である。この結果 O_2 分子は O_2^- イオンになると結合次数が小さくなり，結合エネルギーも小さくなる。

(3) 多原子分子の分子軌道

分子軌道の考え方は分子の詳細を理解するには大変有用なものであるが，第2周期の2原子分子であっても図5-14のように元素によって順番が変わる。それぞれの分子について軌道のエネルギーを計算する必要があり，最近ではパソコンでもかなり精度のよい計算ができるようになったが，大型計算機が普通に用いられてきた。多原子分子については重要なものとして，これまで説明が簡単ではなかった共鳴についてだけ，分子軌道でどのように考えるかを説明する。

4-3で説明したように SO_2 のルイス構造式は

のように描かれる。これは電子が2つのO原子の間を移動していることを示しており，ルイス構造式ではもちろん，軌道がそれぞれの原子に属している原子価結合理論でも，一方のO原子の軌道に存在した電子がもう一方のO原子の軌道への移動することを考え，2種類の電子の配置を考える必要がある。しかし，分子全体で軌道を考えると，分子軌道の電子雲が2つのO原子に広がっているとすれば，電子の移動を考えなくてもよい。このように直接結合していない2つ以上の原子に広がった分子軌道を**非局在性分子軌道**という。

上の SO_2 で二重結合に関与する電子を除いたルイス構造式を描くと

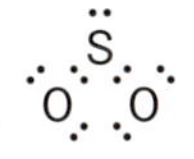

のようになる。S原子，O原子ともに原子の周りに3組の電子対があり，sp^2 混成軌道を形成していることがわかる。その結果，それぞれの原子に分子の面（紙面）に垂直な方向の合計3つのp軌道が残されている。この3つの軌道を混ぜ合わせたものに対応する分子軌道を考えると，この分子軌道はp軌道からできているので，すべて SO_2 分子面に平面の

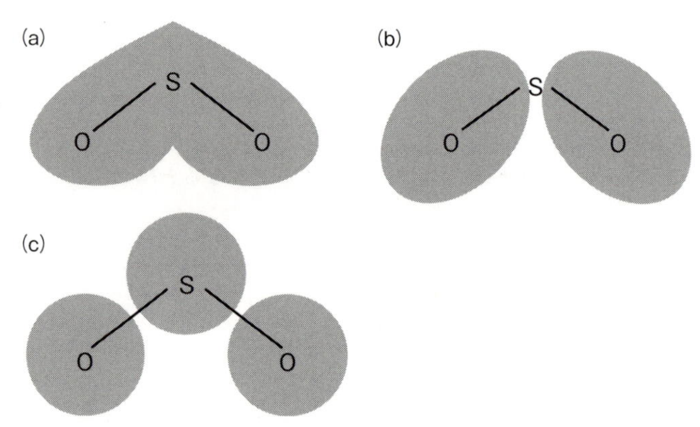

図 5-15　SO_2 の 3 つの p 軌道と関連する分子軌道
すべて SO_2 面にも節面をもつ

節をもつ。最もエネルギーの低い軌道は，分子面の節以外に節をもたないもの，すなわち S 原子と 2 つの O 原子に広がった，SO_2 分子面の節だけをもつ結合性の π 軌道である（図 5-15(a)）。他の 2 つも図 5-15 に示した。詳しいことはこの本の内容を越えているので省略するが，SO_2 分子全体に広がった図 5-15(a) の結合性軌道によって SO_2 分子の 2 つの S—O 結合の次数は同じ 1.5 と予想される。このようにルイス構造では異なった構造を行き来していると考えなければならなかった共鳴構造が，非局在性分子軌道を考えると 1 つの構造で説明できる。

もう 1 つの代表的な非局在性分子軌道をもつ分子はベンゼン C_6H_6 である。6 個の C 原子はそれぞれ隣の C 原子 2 個と H 原子 1 個と sp^2 混成によって σ 結合を形成し，残った 6 個の C 原子の 2p 軌道が合わさって非局在性分子軌道を形成する。

例　題 5-7　**ベンゼン C_6H_6 の最も安定な非局在分子軌道の電子雲の形を考えてみよ。**

解　答　ベンゼンの C 原子は sp^2 混成になり 2 個の C と 1 個の H と結合して右の図のように C は 6 個で正六角形になっている。sp^2 混成は平面だから C_6H_6 は平面分子になる。C の価電子は 2s と 3 つの 2p 軌道に 1 個ずつ存在しているが，sp^2 混成で 1 つの 2p 軌道が残る。この 2p 軌道は C_6H_6 面の手前と奥に張り出している。6 個の C 原子のすべての 2p 軌道が集まって C_6H_6 面の節以外には節をもたない**ドーナツ型の非局在性 π 軌道**（右図）が最も安定になる。右の図では紙面の手前と奥に 2 つのドーナツ型の雲があり，この 2 つで 1 つの軌道である。どの C—C 結合でも同じ条件だから長さも等しい。共鳴を考えないと単結合と 2 重結合ができるはずであるが，π 電子は 6 本すべてを結合させているので結合次数は 1.5 程度となり，単結合よりは強いが，二重結合よりは弱い結合を形成している。

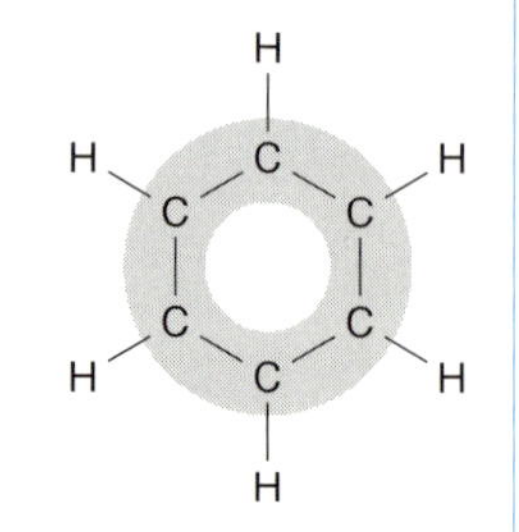

コラム　分子クラスター

ビーカーの中に液体の試料が入っていて，この液体の性質を調べる実験を考えてみよう。このとき，こんな疑問を抱いたことはないであろうか。「よく考えてみるとビーカーの中には，① ビーカーのガラスに付着した分子も，② ビーカーの中央にいて周りを同じ分子で取り囲まれた分子も，③ 液体の一番上で半分が空気に接している分子もいる。いったいどの分子の性質を調べているんだろう？」どれも同じ分子だから全く同じだと考えるのは，周りを取り囲まれていない気体分子も同じだということになり，乱暴である。

この疑問に対する答えは，1 章で分子の大きさを計算した部分を見ればわかる。あまり見かけないが立方体のビーカーを考え，液体は 1 辺に 10^8 個の分子が並んだ立方体をしているとすれば，上の①は 5×10^{16} 個，②は 10^{24} 個，③は 10^{16} 個となり，①と③の分子はほとんどない（$1/10^8$ 程度）ことになる。つまり，ビーカーの中の液体の分子は周りを他の分子で取り囲まれていると考えてよい。では，小さな液滴ではどうであろうか。立方体の一辺に 100 分子とすると，表面には約 6×10^4 個，内部には約 9.4×10^5 個，表面分子が % オーダーになってくる。一辺 10 分子では，表面には 488 個，内部には約 512 個と表面分子と内部分子がほぼ同じ数になり，ビーカーの中の分子とは異なってくる。

分子が数個～数万個集まったものをクラスターといい，上で述べたように気体とも，固体とも異なった性質をもつものとして調べらている。原子の大きさからわかるように一辺 10 分子～100 分子の液滴は nm オーダーの大きさであり，このような性質を利用しようという技術がナノテクノロジーである。

章末問題

1) 4 章の章末問題 3 において形を決めた分子

(a) XeF_4　(b) CO_3^{2-}　(c) ClF_3

について，中心原子の混成軌道を示せ。

2) 次の化合物の下線で示した原子の混成軌道を示せ。

(a) $\underline{C}H_3\underline{O}CH_3$　(b) $\underline{C}H_3\underline{C}HO$　(c) $\underline{S}F_4$

(d) $\underline{C}\ \underline{O}_2$　(e) $\underline{C}_6H_5\underline{C}OOH$

3) アレン $H_2C_3H_2$ について，以下の問いに答えよ。

(a) アレンの 3 個の C 原子はそれぞれどのような混成軌道をもつかを説明せよ。

(b) 原子価結合理論により，アレンの C 原子の間の結合，C 原子と H 原子の結合がどのようになっているか，図を描いて説明せよ。何重結合になるか，σ 結合，π 結合の数と電子雲の重なりの様子，H 原子の結合の向きなどを説明すること。

4) 4 章章末問題 6 のペプチド結合について，それぞれの共鳴構造での N，C，O 原子の混成軌道を示し，どの原子が平面になるかなど構造を説明せよ。

5) フッ素分子 F_2 について，分子軌道法で結合次数を求めよ。

6) 一酸化窒素 NO について，分子軌道のエネルギー図を描き，結合次数がいくらになるかを説明せよ。

7) 炭素原子 1 個と窒素原子 1 個が結合した CN はラジカルと呼ばれ，反応性が高く不安定であるが，窒素分子イオン N_2^+ と近い性質をもっている。CN と N_2^+ の分子軌道のエネルギー図を描き，結合次数などを求めてこれらが近い性質をもつ理由を説明せよ。

8) 下（a）〜（d）は 2 原子分子の異なる 4 種類の分子軌道の図，名称，合計の節の数を示している。空欄となっているところに，図，名称あるいは節の数を示せ。黒点は原子核を表している。

（a）分子軌道（　　）　合計の節の数（　　）

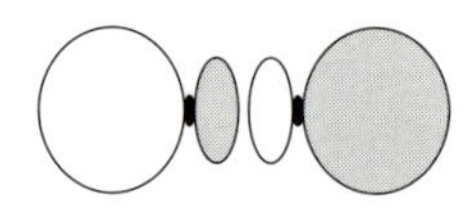

（b）分子軌道（σ_{1s}）　合計の節の数（　　）

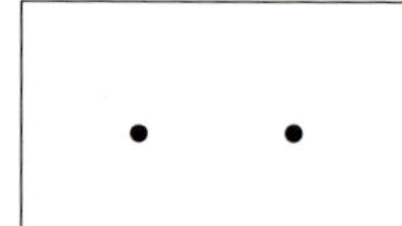

（c）　分子軌道（　　）　合計の節の数（　　）

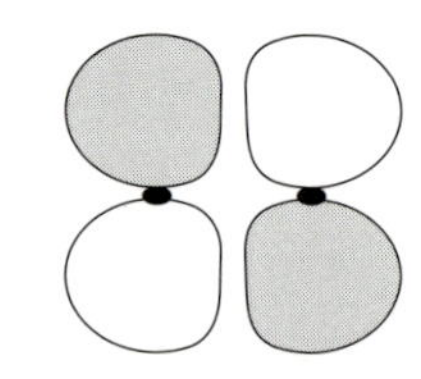

（d）　分子軌道（σ_{2p}）合計の節の数（　　）

9) 2 原子分子の分子軌道のうち，平面の節を 1 つだけもつ軌道を 2 つ挙げて電子雲を図示せよ。

10) SO_3 の S—O 結合の長さがすべて同じになる理由を，非局在性分子軌道を用いて説明せよ。

11) ペプチド結合の共鳴を非局在性分子軌道で説明せよ。

6 化学結合と物質

第5章まででは共有結合を中心に原子がどのような形で結合し，分子の構造が決まるかを主に説明してきた。この章では結合の強さ（結合エネルギー）について簡単に説明し，金属結合やイオン結合の強さと比較して考えることにより，化学結合によってどのように物質が形成されていくかを説明する。

6-1 ポテンシャルと結合エネルギー

ここまで結合が形成されることについて説明してきたが，では形成された結合はどのようなものであろうか。形成された結合の性質を理解するためには，原子核間の距離によって位置エネルギー（ポテンシャルエネルギー）がどのように変化するかを考える必要がある。図6-1に2原子分子ABのエネルギーがA—B距離でどのように変化するかを示した。AB分子が形成されるときにはAとBの間に結合電子対が存在して（原子核)—(結合電子)—(原子核）に，(+)—(−)—(+) のクーロン力が働き，AとBが引き寄せられる。つまりエネルギーはAとBが

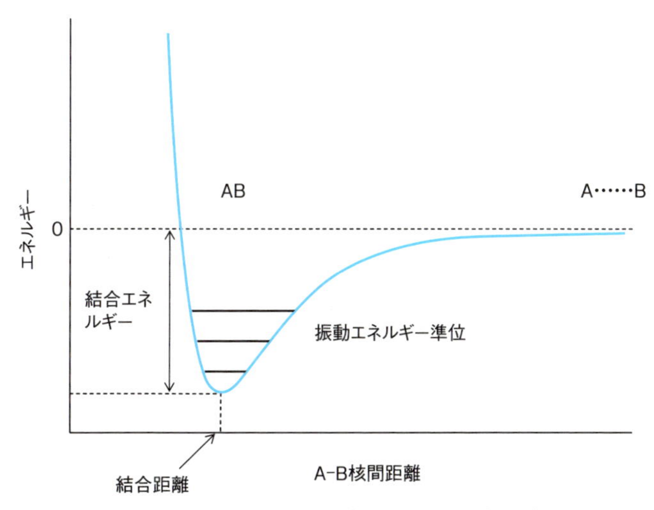

図6-1 2原子分子ABのポテンシャルエネルギー

結合エネルギー（$kJmol^{-1}$）と結合距離（nm）の例

	エネルギー	距離
H−H	432	0.074
O=O	494	0.121
N≡N	942	0.110
F−F	155	0.141
Cl−Cl	239	0.199
Br−Br	190	0.228
I−I	149	0.267
C−C	366	0.153
C=C	719	0.132
C≡C	957	0.118
C−H	411	0.106
N−H	386	0.101
O−H	459	0.097
F−H	566	0.092
Cl−H	428	0.127
Br−H	362	0.141
I−H	295	0.161
C−O	378	0.143
C=O	526	0.121
C−F	472	0.140
C−Cl	323	0.179
C−Br	269	0.197

離れていたところから近づくにつれて低くなってくる。最もエネルギーが低くなった距離が**結合距離**であり，離れていたときのエネルギー（通常このときのエネルギーを0とする）と最も低いエネルギーの差が**結合エネルギー**である。逆に分子ABの結合を切って引き離すには同じエネルギーが必要であるので解離エネルギーともいう。結合距離からもっと距離を縮めると，今度は結合電子が原子核の間の狭い領域に留まっていられなくなり，原子核の間から押し出される。その結果，原子核と原子核の反発が大きくなり，エネルギーも急速に高くなる。このようにして図6-1のエネルギーの図が得られる。

結合エネルギーと結合距離の例を欄外に示した。簡単な規則性を見出すのは難しいが，単結合では結合エネルギーは200〜400 $kJmol^{-1}$ 程度，結合距離は0.1〜0.2 nm程度であり，極端な違いはない。3章で述べたように分子の形は主として結合角で決まることがわかる。原子が大きくなって結合距離が長くなると，結合も弱くなる傾向があるが，これは n が大きくなると結合を形成する価電子が原子核から離れ，結合をつくる力も弱くなるためと考えられる。一方，C原子どうしの結合を比べると，二重結合，三重結合になると結合距離は短くなり，結合は強くなっていく。

AB分子のA—B距離を結合距離から少し伸ばすと，より安定な方向に，つまり結合は縮まって結合距離まで，戻ろうとする。またA—B距離を結合距離から少し縮めると，結合は伸びて結合距離まで戻ろうとする。これはちょうどばねのように働き，原子と原子はばねで結ばれていると考えればよい。ばねを縮めて手を離すと振動をするように分子も振動をする。

この分子の振動も量子力学の法則に従う。その結果，電子の軌道のエネルギーと同じようにとびとびのエネルギーしか許されなくなり，振動エネルギー準位が現れ（図6-1），水素のバルマー線の場合と同じように決まった波長の電磁波を吸収，放出することになる。振動に対応する電磁波は赤外光の領域に存在し，分子を調べるのにたいへん役立ってきた。というのは，振動エネルギー準位の間隔，つまり吸収・放出する電磁波のエネルギー，は結合エネルギーが大きくなるほど大きく，結合している原子の質量が大きくなるほど小さくなり，結合によって特徴的な波長の赤外光を吸収・放出するからである。図6-2に一例としてトルエン $C_6H_5CH_3$ の赤外吸収スペクトルを示す。複雑な形をしているが，スペクトル中にメチル基 $-CH_3$ のCH結合の振動が現れるなど，吸収ピークの波数から分子がどのような結合をもっているかがわかり，構造を決めるのに役立つ。特に，分子が決まればスペクトルは同じ形になるので比較することにより物質を確認することができる。

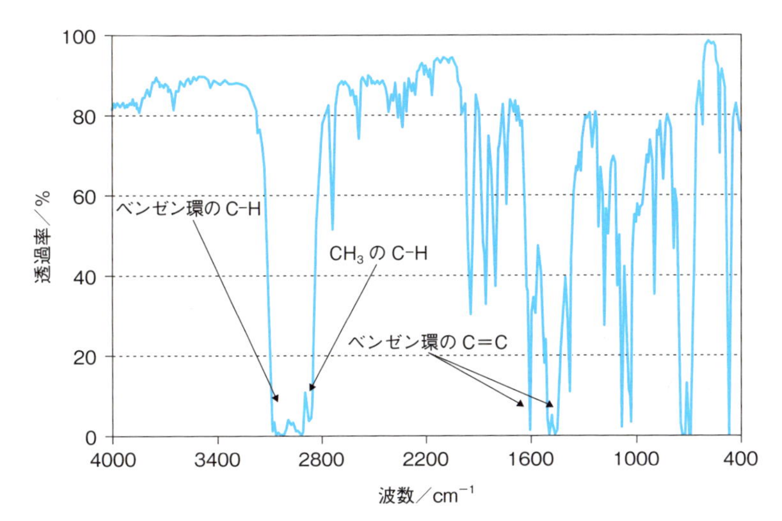

図 6-2　トルエンの赤外吸収スペクトル
トルエン液体に入射した赤外光が各波数で何％透過してくるかを図にしたものである。

例　題 6-1　**ある分子が C=C 二重結合，C—C 単結合，C—Cl 結合をもつとき，赤外光を吸収するときの波数の大きさの順番はどのようになるか。**

解　答　C=C 二重結合と C—C 単結合を比べると，結合している分子の質量は同じであるが結合エネルギーは二重結合のほうが大きい。その結果，吸収波数は C=C 二重結合のほうが大きくなる。一方，C—C 単結合と C—Cl 結合を比べると，どちらも単結合であるため結合エネルギーはあまり違わないが，結合している原子は Cl 原子の方が重い。その結果，吸収波数は C—Cl 結合のほうが小さくなる。以上のことから吸収波数は C=C 二重結合，C—C 単結合，C—Cl 結合の順に小さくなってゆく。

6-2　分子，金属，塩

(1) 第 1～3 周期の元素の単体

最初に 1 章で簡単に説明した第 1 周期～第 3 周期の非金属元素の単体について，化学結合からみてみよう。閉殻になっているヘリウム，ネオンは結合をつくらず，原子 1 個で分子となる単原子分子である。水素，フッ素は 2 原子で σ 結合を形成すると，オクテットが完成するので安定な 2 原子分子 H_2，F_2 ができる。酸素と窒素は 2 原子で σ 結合を形成したとき，電子が 1 個しか残っていない p 軌道が残るが，原子価結合

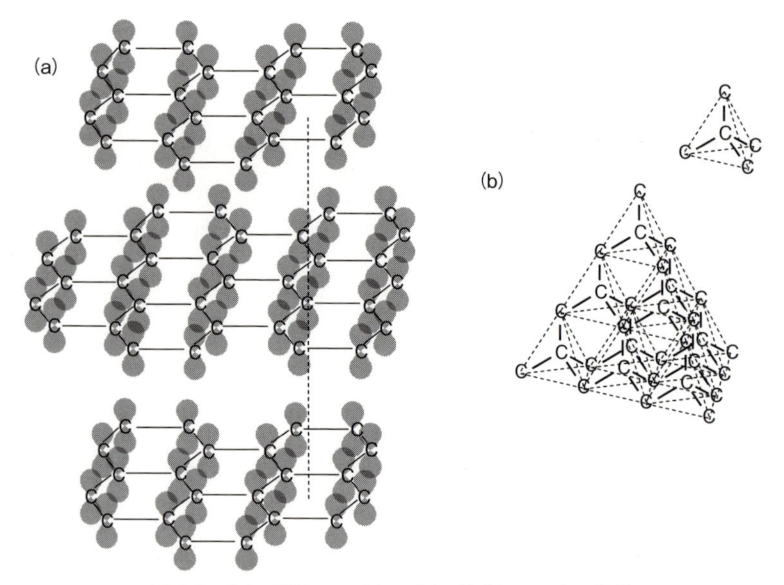

図 6-3 (a) グラファイト,(b) ダイヤモンドの構造
グラファイトは平面構造が重なり,ダイヤモンドは右上の正四面体が立体的に組み合わさっている。

では2原子間の軌道の重なりでπ結合ができ,多重結合となってやはり安定な2原子分子,O_2,N_2ができる。分子軌道理論では結合性のπ軌道に電子が入って安定になる。窒素ではすべての分子軌道に2個ずつの電子が入るので大変安定な3重結合を形成するが,酸素では電子が1個しか入っていないπ軌道が2つあるため,やや不安定で反応性が高い。このことが酸素が油などを燃焼させることができる理由である。また,酸素ではもう1個のO原子が加わったオゾンO_3も単体として存在する。

炭素は2原子で結合して多重結合をつくったとしても,π結合は結合の上下と手前と奥の2個までしか形成されないので,なお1つのp軌道が結合に加われないで残る。このため安定な2原子分子は存在しない。ここではC原子の混成軌道から考えてみよう。混成はsp,sp^2,sp^3が可能である。sp^3混成の場合には,正四面体の頂点方向に4本のσ結合ができ,この結合によって次々と他のC原子と結合して,巨大な立体分子を形成したものがダイヤモンドである(図 6-3 (b))。すべてのC原子が共有結合によって強く結合しており,硬い結晶を形成し,また熱を伝えやすい。sp^2混成の場合には,正三角形の頂点方向に3本のσ結合ができ,この結合によって次々と他のC原子と結合して,巨大なハニカム(蜂の巣)状の平面分子を形成したものがグラファイト(石墨,黒鉛)である(図 6-3 (a))。残った1つのp軌道はこの平面の上下に張り出し,大きな非局在性のπ軌道を形成する。ベンゼンの非局在性のπ軌道（例題5-7参照）が平面全体に広がったものを考えればよい。電子はこの大きな非局在性のπ軌道を自由に移動できるので，金属と同じように電気を通す。グラファイトはこのような平面が重なったものであり，面と面の間は比較的弱い力で結合している。sp混成の場合には，次々とC原子が一直線に結合していくことになるが，このような直線状のものは不安定で，長くなるとリング状になる。それでも不安定であり，最終的にはC_{60}で代表されるフラーレンやカーボンナノチューブになってゆく。Cの左側，ホウ素は半金属であり，リチウム，ベリリウムは金属となる。

第3周期の元素の単体は，まず貴ガスであるアルゴンは単原子分子であり，塩素はフッ素と同じように2原子分子になる。ところがそれ以外では異なってくる。第2周期の元素と第3周期の元素の大きな違いは，第3周期の元素は単体では多重結合をつくれないことである。これは第3周期の元素の原子半径が大きく，π結合を作るために必要なp軌道の重なりが十分大きくならないためである。リンPは価電子が5個，硫黄Sは6個であるためそれぞれ最低3個と2個の結合を作る必要がある。多重結合を作れないので第2周期の窒素Nや酸素Oのように2原子で分子にはなれないで，リンは正四面体の頂点に4個のP原子が位置し，残りの3個と単結合した白リンP_4に代表されるような単体になり，硫黄では8個のS原子がリング状になりそれぞれが隣の原子と単結合したS_8に代表されるような単体になる。第3周期ではPの左側，ケイ素が半金属であり，その左のNa，Mg，Alは金属となる。

第4周期以上では貴ガスは単原子分子，ハロゲンは2原子分子となり，それ以外はSeを除き，金属か半金属である。全体的には周期表で左にいくほど，また下にいくほど大きな分子を形成するようになり，次に述べる金属に移っていく。

(2) 金属

単体が金属となるか分子を形成するかを決めているのはそれぞれのエネルギーである。

図6-4に**金属結合**を模式的に示した。1章で述べたように金属の内部では原子は何個かの電子を放出して陽イオンになっており，陽イオンが並んでいる間を電子が自由に動き回っている。この**自由電子**が陽イオンのプラス電荷の間に広がって反発を抑えている。共有結合と比べてみよう。共有結合では電子は原子核と原子核の間に存在することにより，原子核と電子の引力がエネルギーを低くしている。自由電子は金属中に広がっているためにこの引力は相対的に小さいが，ここでも電子は広がろ

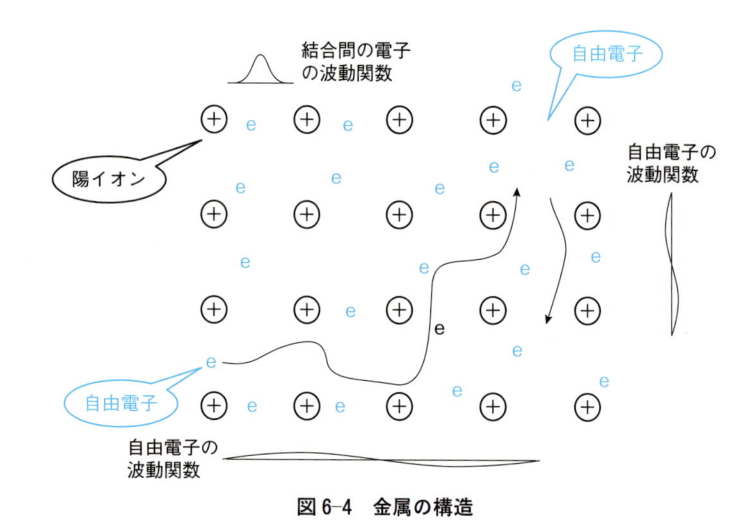

図 6-4　金属の構造

うとする傾向があることを思い出してほしい。自由電子が共有結合をするよりも広い範囲に広がることにより，エネルギーが低くなって安定になる。この効果が，引力が弱くなる効果を上回ることによって金属が形成されることになる。広がりによる安定化の程度は元素にあまり依存しないので，金属が形成されるかどうかを決める重要な因子は電子が自由に動き回れるようになるなりやすさであり，これはイオン化エネルギーと関連する。イオン化エネルギーが小さければ自由電子ができやすくなり，金属状態が安定になる。図 3-9 でイオン化エネルギーがほぼ 1000 kJ mol^{-1} を境として，この付近より下にある元素が金属となることがわかる。

このように単体が金属になるか，共有結合を形成するかはエネルギーの低い方に決まることになる。金属になるためには小さいことが条件であるイオン化エネルギーは同一周期では周期表で右にいくほど大きくなり，同じ族では上にいくほど大きくなるので，結局周期表の右上が非金属になる。しかし，その境界ははっきりとはしない。結合電子のエネルギーと自由電子のエネルギーが近くなったり，重なったりすると，常温では物質は温度による熱エネルギーをもつので，熱エネルギーによって共有結合電子と自由電子の状態いったりきたりするようになる。このような元素が半金属に分類され，その特異な性質から半導体として利用されることになる。

(3) イオン結合

Na^+ と Cl^- が交互に並んで互いにクーロン力で引きつけ合っているイオン性化合物 NaCl（図 6-5）を例にとって説明していこう。イオン性

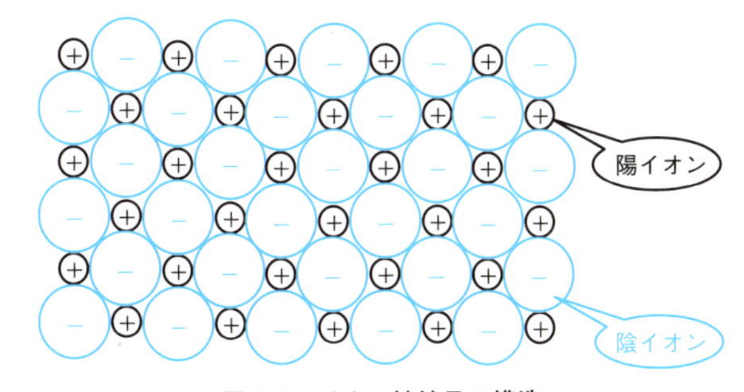

図 6-5 イオン性結晶の構造

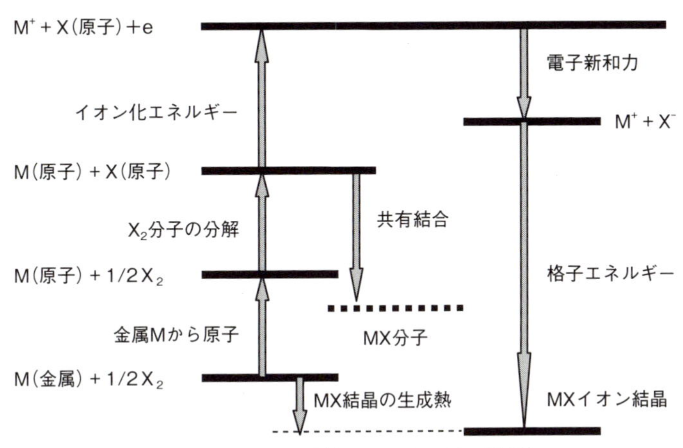

図 6-6 イオン性結晶のエネルギー関係

結晶のエネルギー関係を図 6-6 に示したので図と比べながら以下の説明をみてほしい。エネルギーの基準となるのは化合物に含まれる元素の単体であり，NaCl では Na と Cl それぞれの単体である Na 金属と Cl_2 分子である。非金属のハロゲンは原子 2 個で分子を形成する。ここで物質量は考えている NaCl が 1 mol 生成する量を考えるので 1 mol の Na 金属と 1/2 mol の Cl_2 分子が出発点であり，このときのエネルギーを 0 とする。最初にまずこれらの単体からそれぞれの原子を生成させる。

$$\mathrm{Na(金属)} \longrightarrow \mathrm{Na(原子)} \qquad \Delta H = 108\ \mathrm{kJ\ mol^{-1}}$$
$$\frac{1}{2}\mathrm{Cl_2} \longrightarrow \mathrm{Cl(原子)} \qquad \Delta H = -120\ \mathrm{kJ\ mol^{-1}}$$

ここでは，ΔH はエンタルピー変化という量であるが，例えば 1 mol の Na（原子，これは Na 原子がばらばらになって気体として存在していると考えてよい）のエネルギーから 1 mol の Na（金属）のエネルギーを引いた値，つまり 1 mol の Na（金属）をすべて Na（原子）にするのに必要なエネルギーである。Cl_2 では Cl–Cl の結合を切るのに必要な

エンタルピー
物質がもっているエネルギー E に圧力 P と体積 V をかけたものを加えた量をエンタルピーといい，記号 H で表す（$H=E+PV$）。ここで考えている NaCl の生成など我々の周囲の化学反応は圧力が 1 気圧であり圧力一定の条件化でおきる。このように圧力一定の条件化では反応熱などはこのエンタルピー H を用いたほうが正確に計算されるのでエネルギーのかわりに用いられるが，この本の範囲ではエネルギー E と同じものと考えていてよい。記述でエネルギー差などと書かれていても実はエンタルピー差である。

エネルギー，6–1 で説明した結合エネルギーの半分である。これで Na と Cl の原子がそれぞれ 1 mol 得られたので，次にこれらの原子から陽イオン Na^+と陰イオン Cl^-を作る。

$$Na \longrightarrow Na^+ + e \qquad \Delta H = 496\ \mathrm{kJ\ mol^{-1}}$$
$$Cl + e \rightarrow Cl^- \qquad \Delta H = -348\ \mathrm{kJ\ mol^{-1}}$$

ここで Na^+を生成するときのエンタルピー変化 $\Delta H = 496\ \mathrm{kJ\ mol^{-1}}$ は Na の第 1 イオン化エネルギーである。一方，Cl^-を生成するときの $\Delta H = -348\ \mathrm{kJ\ mol^{-1}}$ は Cl の電子親和力の符号を変えたものである。これは Cl 原子に電子が加わるとより安定になり，エネルギーが放出されるためである。

以上の反応で生成した陽イオン Na^+と陰イオン Cl^-はそれぞれ周りに何もない状態である。これらのイオンを交互に詰めてゆき，NaCl の結晶を作ると＋と－の電荷が強く引き合うので大きなエネルギーを放出して安定になる。このときのエネルギーが**格子エネルギー**である。格子エネルギーは以下のようにエネルギー関係から決めることができる。

ここで，生成した NaCl 1 mol の結晶のエネルギーと最初の単体 1 mol の Na 金属と 1/2 mol の Cl_2 分子のエネルギー差は

$$\mathrm{Na(金属)} + \frac{1}{2}\mathrm{Cl_2(気体)} \longrightarrow \mathrm{NaCl(結晶)} \quad \Delta H = -413\ \mathrm{kJ\ mol^{-1}}$$

の反応で NaCl(結晶)が単体から生成する反応のエンタルピー変化であり，この値，$\Delta H = -413\ \mathrm{kJ\ mol^{-1}}$ は NaCl(結晶）の標準生成熱として知られている。図 6–6 からわかるように最初の単体の状態からエンタルピー変化の増減を加えていって単体に戻すとエネルギーは 0 にならなければならなので，格子エネルギーを x kJ $\mathrm{mol^{-1}}$ とすると

$$108 + 120 + 496 - 348 - x + 413 = 0$$

となる。この結果，格子エネルギーは 789 kJ $\mathrm{mol^{-1}}$ と求められる。

NaCl が仮に分子を形成すると考えるとどのようなエネルギーになるであろうか。NaCl 分子は Na 原子と Cl 原子が結合して生成するので，図 6–6 に MX（分子）で示したような位置にくる。NaCl の沸点は 1413℃ であり，加熱してこれ以上の温度にすると気体の NaCl 分子を

生成することができ，その結合を切るのに必要なエネルギーは約 410 kJ mol^{-1} であることがわかっている。このことから NaCl 分子のエネルギーは −180 kJ mol^{-1} となり，NaCl 結晶のエネルギー −413 kJ mol^{-1} より高いので，通常 NaCl はエネルギーの低い固体のイオン性化合物になる。分子がより安定になるのは，陽イオンとなる元素のイオン化エネルギーが大きいか，陰イオンとなる元素の電子親和力が小さい場合である。一般に金属元素の電子親和力は小さく，非金属元素のイオン化エネルギーは大きいので金属元素間や非金属元素間ではイオン性化合物は生じない。

例　題 6-2　下の数値を用いて，金属 Na と F_2 からの NaF 結晶が生成するときのエネルギー図を描き，NaF の格子エネルギーを求めよ。

① NaF の生成熱は　−571 kJ mol^{-1}

② Na 原子の第一イオン化エネルギーは 496 kJ mol^{-1}

③ F_2 の結合エネルギーは 155 kJ mol^{-1}

④ F 原子の電子親和力は 328 kJ mol^{-1}

⑤金属 Na から Na 原子が生成するエネルギー　108 kJ mol^{-1}

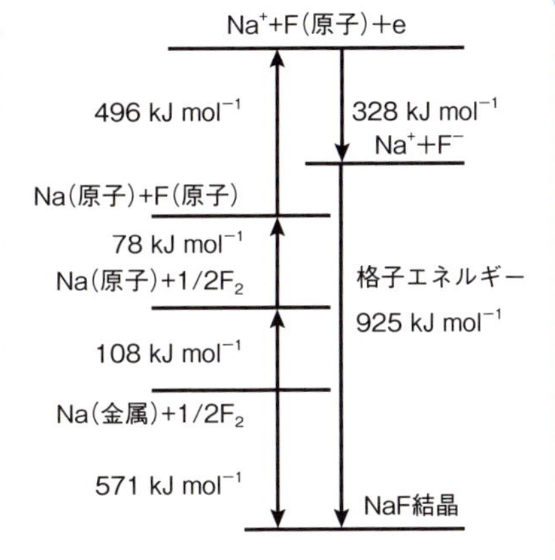

解　答　エネルギー図は上の図のようになる。F 原子 1 mol を生成するには，F_2 分子は 1/2 mol あればよいので，結合エネルギーの半分でよいことに注意する。Na^+ の生成ではエネルギーが高くなり，F^- の生成では低くなる。左右の数値の合計は同じだから，格子エネルギーを x kJ mol^{-1} として，

$(571+108+78+496)\mathrm{kJ\ mol^{-1}}=(328+x)\mathrm{kJ\ mol^{-1}}$ より，$x=925$ となる。

格子エネルギーは 925 kJ mol^{-1}

コラム　イオン液体

イオン結合からなる物質というと，一般に高い融点を持つ固体を想像するだろう。例えば，身近な塩化ナトリウムは，融点が 800℃，沸点が 1413℃ である。しかし，陽イオンと陰イオンのみから構成されているにもかかわらず，常温で液体として存在する低融点の塩も存在しており，これらはイオン液体（ionic liquid）と呼ばれている。

代表的なイオン液体は，図のような有機物の陽イオンと無機物の陰イオンの組み合わせからできている。

陽イオン
（イミダゾリウムイオン）

陰イオン
（テトラフルオロボレート）

この陽イオンは，CH_3-とCH_3-CH_2-の2つのアルキル基を置換基として持っている。これらのアルキル基の炭素数を変えることで，無数の陽イオンを作り出すことができる。さらに，組み合わせる陰イオンを変えることで望んだ融点や沸点を持つものを作り出すことができるのである。イオン液体は，空気中で安定であり，燃えにくく，熱に強く，凍りにくい。また，電気を通すという興味深い特徴を持ち，特にその蒸気圧が極めて低いため，実質上ゼロとして扱うことができる。これにより，不揮発性の溶媒として利用可能である。

常温で液体の塩のアイデアは20世紀初頭から考えられていたが，現在主流の材料系は1990年代前半に開発された。その後，多くの分野で応用研究が進展している。イオン液体は，不燃性の電解液としての利用だけでなく，蒸気圧が無い有機溶媒としても利用されており，化学合成において，環境問題を引き起こす可能性のある有機溶媒の使用を著しく減らすことができる。さらに，イオン液体を構成するイオンの分子構造を適切に設計することで，二酸化炭素の吸着剤として利用可能となり，環境問題の解決にも貢献している。化学の分野では，基本的なアイデアから画期的な機能や利用方法が発表されるまでに長い時間がかかることが多い。これは，単一の専門知識に頼るだけでなく，他の研究分野の視点から自身の研究結果を見つめ直し，また，自分の専門ではない分野の研究に興味を持って，他の分野の研究内容を自分の分野に取り入れることで，画期的な成果が生まれるためである。著者の1人（MH）の専門である発光材料に関する研究でも，他の分野から参入してきた研究者によるブレイクスルーを目の当たりにしている。例えば，ディスプレイ用の発光材料を生命科学の分野に持ち込んでブレイクスルーをうみだした研究者がいた。現代の先端技術の多くは，分野を超えた境界融合領域の技術革新によって生まれている。このコラムを読んでいる諸君が，化学を学んでいく中で，専門を極めるだけでなく広い分野に視野を広げることで，世界を変える新しい科学を生み出す研究者になることを期待している。

章末問題

1）第3周期の元素であるリンPおよび硫黄Sの単体分子の構造を第2周期の元素と比較して説明せよ。

2）炭素の同素体であるグラファイトとダイヤモンドは，グラファイトは電気と通し，ダイヤモンドは電気を通さない。理由を説明せよ。

3）4章でみたように，貴ガスであってもXeは化合物をつくる。Krも化合物をつくることがある。この理由を考えてみよ。

4) 塩素と臭素は分子 BrCl を形成して，Br^+ イオンと Cl^- イオンからなるイオン性の結晶は形成しない。下の数値を用いて，右の枠内にイオン性結晶と BrCl 分子を形成するときのエネルギー関係を図示し，簡単に BrCl 分子を形成する理由を述べよ。

① Br 原子の第一イオン化エネルギーは 1140 kJ mol^{-1}
② Cl 原子の電子親和力は　348 kJ mol^{-1}
③ Cl_2 の結合エネルギーは　239 kJ mol^{-1}
④ Br_2 の結合エネルギーは　190 kJ mol^{-1}
⑤ BrCl の結合エネルギーは　214 kJ mol^{-1}
⑥ Br^+Cl^- 結晶の格子エネルギーの予想値は 900 kJ mol^{-1} 以下

5) 下の①～⑤の数値を用いて KF 結晶が金属 K と気体の F_2 から生成するときのエネルギー図を描き，K 原子の第 1 イオン化エネルギーを求めよ。

① KF 結晶の生成熱 −567 kJmol^{-1}
② F 原子の電子親和力 328 kJmol^{-1}
③金属 K から K 原子が生成するエネルギー　89 kJmol^{-1}
④ F_2 の結合エネルギー　155 kJmol^{-1}
⑤ KF 結晶の格子エネルギー　826 kJmol^{-1}

付録1 単位のついた計算

化学で取り扱う式，例えば

$$V = 0.5\ \mathrm{L} = 500\ \mathrm{cm}^3 \qquad \text{(i)}$$

という式は0.5 Lの体積が500 cm^3の体積と同じであることを表わしており（0.5 Lのペットボトルを思い浮かべてほしい），数値に直接には関係しない。体積を表わす記号Vも単位を含んでおり，決して0.5とか500という数値を表わしているものではない。500 gの水の体積は500 cm^3であるが，下の式

$$500\ \mathrm{g} = 500\ \mathrm{cm}^3 \qquad \text{(ii)}$$

は，決して書いてはならない式である。単位をつけて書いてみると奇妙であることがわかるが，つけないとつい間違えてしまうことがよくある。計算結果の数値が違っていると，計算し直したり，質問したりして解決しようとするが，単位が違っていてもそれほど気にしないようである。単位を含めて正確に計算できるようになると計算間違いも大幅に減らせるので，必ず単位をつけて計算するようにしてほしい。

単位換算で計算間違いが多いようである。一例として密度2.7 gcm^{-3}をkgm^{-3}の単位に変換してみよう。単位はそれぞれに1をつけてかけたり，割ったりしたものと考えてよいので

$$2.7\ \mathrm{gcm}^{-3} = 2.7 \times \frac{1\mathrm{g}}{1\mathrm{cm}^3} \qquad \text{(iii)}$$

である。ここで最初の式(i)の意味を思い出してほしい。等号は同じものを表わしているので，式の中の一部を同じものと置き換えても等号が成立する。式(iii)の中の1 gと変換したい単位の1 kgの間には，$10^3\ \mathrm{g} = 1\ \mathrm{kg}$の関係があるので（巻末にあるkなどの接頭辞はそのまま10^3などに置き換えてよい），両辺を10^3で割って，$1\ \mathrm{g} = 10^{-3}\ \mathrm{kg}$である。この結果

$$2.7\ \mathrm{gcm}^{-3} = 2.7 \times \frac{1\mathrm{g}}{1\mathrm{cm}^3} = 2.7 \times \frac{10^{-3}\mathrm{kg}}{1\mathrm{cm}^3} \qquad \text{(iv)}$$

である。1 cm^3の変換ではこれが$1(\mathrm{cm})^3$であることに注意してほしい。接頭辞のついた単位のべき乗は接頭辞を含んだべき乗である*。この結果，$1\ \mathrm{cm}^3 = 1(\mathrm{cm})^3 = 1\times(10^{-2}\ \mathrm{m})^3 = 1\times(10^{-2})^3\times\mathrm{m}^3 = 10^{-6}\ \mathrm{m}^3$となるので，結局

$$\begin{aligned}2.7\ \mathrm{gcm}^{-3} &= 2.7 \times \frac{10^{-3}\mathrm{kg}}{1\mathrm{cm}^3} = 2.7 \times \frac{10^{-3}\mathrm{kg}}{10^{-6}\mathrm{m}^3} \\ &= 2.7\times10^{-3}\times10^{6}\frac{\mathrm{kg}}{\mathrm{m}^3} = 2.7\times10^3\mathrm{kgm}^{-3}\end{aligned} \qquad \text{(v)}$$

となる。このように式の変形や計算は，単に「同じものに置き換えてゆく作業」である。以下，特に注意して計算する必要がある点について説明していく。

化学で注意しなければならないものとしてmolがある。1 molはもちろんアボガドロ数個の原子や分子を表わすものであるが，常にどの原子や分子が1 molであるかということに注意している必要がある。たとえばH_2が分解して2個のH原子に解離する反応

$$\mathrm{H_2} \longrightarrow 2\,\mathrm{H} \qquad \text{(vi)}$$

では，解離エネルギー（結合エネルギー）は436 $\mathrm{kJ\ mol^{-1}}$であるが，水素原子の生成熱は218 $\mathrm{kJ\ mol^{-1}}$である。最初のmolは水素分子H_2が1 molであることを表わし，あとのmolは水素原子Hが1 molであることを表わしている。

圧力とエネルギーはいろいろな単位があって複雑である。巻末の換算表を参考にして理解してほしい。圧力は，1 atmを基準にして

$$\begin{aligned}1\ \mathrm{atm} &= 1.013\ \mathrm{bar} \\ &= 1.013\times10^5\ \mathrm{Pa} = 760\ \mathrm{Torr}\ (=\mathrm{mmHg})\end{aligned}$$

とbarも含めて覚えておくとよい。思いがけないものがエネルギーの単位となることがある。例えば理想気体の状態方程式

$$PV = nRT \qquad \text{(vii)}$$

の中のPVは，bar L単位で使うことが多いが

$$\begin{aligned}1\ \mathrm{bar\ L} &= 10^5\ \mathrm{Pa}\times10^{-3}\ \mathrm{m}^3 = 100\ \mathrm{kg\ m^{-1}\ s^{-2}\ m^3} \\ &= 100\ \mathrm{kg\ m^2\ s^{-2}} = 100\ \mathrm{J}\end{aligned}$$

となり，エネルギーの単位Jとなることがわかる。このように，複雑な組立単位は一度すべてSI基本単

---

*周波数の単位であるHz（ヘルツ）はs^{-1}と同じものである。1 GHz（ギガヘルツ）$=10^9$ Hzであるが，これを1 Gs^{-1}としてはならない。$1\ \mathrm{Gs}^{-1} = 1(\mathrm{Gs})^{-1} = (10^9\ \mathrm{s})^{-1} = (10^9)^{-1}\ \mathrm{s}^{-1} = 10^{-9}\ \mathrm{s}^{-1} = 10^{-9}$ Hzと全く違ってくるからである。

位（付表1）に戻して考える。

単位のわかりにくい理由として次のようなことがある。「水1 molは18 gである」とか「水1 cm^3は1 gである」という言い方は正しいが，計算式中で18 gや1 gをそのまま用いると単位が合わなくなることが多い。そのような場合には18 g mol^{-1}や1 g cm^{-3}として計算すればよい。物理量の記号に単位が含まれることから，通常（vii）のような式には単位は示されないので，このような使い分けの方法がわかりにくいようである。本書では計算問題の解答などで単位を付けた式をかなり多く示したので，しっかり単位も含めて式の変形ができるようになってほしい。

付表1　SI 基本単位

物理量	単位の名称	記号	定　　義
時　間	秒	s	セシウム周波数$\Delta\nu_{Cs}$，すなわち，セシウム133原子の摂動を受けない基底状態の超微細構造遷移周波数を単位Hz（s^{-1}に等しい）で表したときに，その数値を9 192 631 770と定めることによって定義される。
長　さ	メートル	m	真空中の光の速さcを単位m s^{-1}で表したときに，その数値を299 792 458と定めることによって定義される。ここで，秒はセシウム周波数$\Delta\nu_{Cs}$によって定義される。
質　量	キログラム	kg	プランク定数hを単位J s（kg m^2 s^{-1}に等しい）で表したときに，その数値を6.626 070 15 × 10^{-34}と定めることによって定義される。ここで，メートルおよび秒はcおよび$\Delta\nu_{Cs}$に関連して定義される。
電　流	アンペア	A	電気素量eを単位C（A sに等しい）で表したときに，その数値を1.602 176 634 × 10^{-19}と定めることによって定義される。ここで，秒は$\Delta\nu_{Cs}$によって定義される。
熱力学温度	ケルビン	K	ボルツマン定数kを単位J K^{-1}（kg m^2 s^{-2} K^{-1}に等しい）で表したときに，その数値を1.380 649 × 10^{-23}と定めることによって定義される。ここで，キログラム，メートルおよび秒はh，cおよび$\Delta\nu_{Cs}$に関連して定義される。
物質量	モル	mol	1モルには，厳密に6.022 140 76 × 10^{23}の要素粒子が含まれる。この数は，アボガドロ定数N_Aを単位mol^{-1}で表したときの数値であり，アボガドロ数と呼ばれる。
光　度	カンデラ	cd	周波数540 × 10^{12} Hzの単色放射の視感効果度K_{cd}を単位lm W^{-1}（cd sr W^{-1}あるいはcd sr kg^{-1} m^{-2} s^3に等しい）で表したときに，その数値を683と定めることによって定義される。ここで，キログラム，メートルおよび秒はh，cおよび$\Delta\nu_{Cs}$に関連して定義される。

国際単位系（SI）第9版（2019）日本語版，産業技術総合研究所 計量標準総合センター（2020）より

付表2　SI 組立単位

物理量	単位の名称	記号	基本単位による表現
力	ニュートン	N	$m \cdot kg \cdot s^{-2}$
圧力	パスカル	Pa	$m^{-1} \cdot kg \cdot s^{-2}$（$= N \cdot m^{-2}$）
エネルギー	ジュール	J	$m^2 \cdot kg \cdot s^{-2}$
仕事率	ワット	W	$m^2 \cdot kg \cdot s^{-3}$（$= J \cdot s^{-1}$）
電荷	クーロン	C	$A \cdot s$
電位差	ボルト	V	$m^2 \cdot kg \cdot s^{-3} \cdot A^{-1}$（$= J \cdot A^{-1} \cdot s^{-1}$）
周波数	ヘルツ	Hz	s^{-1}

付表 3　SI 基本単位と併用される単位

物理量	単位の名称	単位の定義
長　さ	オングストローム	1 Å $=10^{-10}$ m
体　積	リットル	1 L $=10^{-3}$ m$^3=1$ dm^3
質　量	トン	1 t $=10^3$ kg
時　間	分	1 min $=60$ s
力	キログラム重	1 kgw $=9.81$ N
圧　力	気圧	1 atm $=1.013\times10^5$ Pa
		1 bar $=10^5$ Pa
	ミリメートル水銀柱	1 mmHg $=1.333\times10^2$ Pa
熱力学温度	度	x℃ $=(x+273.15)$ K
		1 K $=1.98722$ cal・mol^{-1}
		$=8.31451$ J・mol^{-1}
エネルギー	熱化学カロリー	1 cal $=4.184$ J
	電子ボルト [a)]	1 eV $=23.060$ kcal・mol^{-1}
		$=96.4853$ kJ・mol^{-1}

a）真空中で，1 個の電子を 1 V の電位差で加速したときに電子が得るエネルギー。
b）光波の振動数。

付表 4　SI 接頭語

倍数	接頭語	記号	倍数	接頭語	記号
10^{18}	エクサ	E	10^{-1}	デシ	d
10^{15}	ペタ	P	10^{-2}	センチ	c
10^{12}	テラ	T	10^{-3}	ミリ	m
10^{9}	ギガ	G	10^{-6}	マイクロ	μ
10^{6}	メガ	M	10^{-9}	ナノ	n
10^{3}	キロ	k	10^{-12}	ピコ	p
10^{2}	ヘクト	h	10^{-15}	フェムト	f
10	デカ	da	10^{-18}	アト	a

付表 5　単位の換算

エネルギー

単　位	aJ	kcal/mol	eV
1 aJ	1	143. 9326	6. 241 510
1 kcal/mol	0. 006947695	1	$4.336\,410\times10^{-2}$
1 eV	0. 160 217 6	23. 060 55	1

1aJ $=10^{-18}$ J

圧　力

単　位	Pa	atm	Torr
1 Pa	1	$9.869\,23\times10^{-6}$	7.5006×10^{-3}
1 atm	101325	1	760
1 Torr（=mmHg）	133. 322	1.31579×10^{-3}	1

付録 2 有効数字

「有効数字の計算がわからない」ということをよく聞くが，ある意味これは当たり前のことである。有効数字の考え方は，誤差を簡単に取り扱えるようにしたものであって，有効数字を理解するには誤差を理解する必要があるが，そのために「誤差論」を勉強する時間は，化学専攻の場合にはないのが普通だからである。しかし，濃度などの化学で取り扱う数値には必ず誤差があり，有効数字の計算はできるようになっておく必要がある。ここではそのための方法を述べてゆく。

例として目盛りが 1 mm のものさしで長さを測定して 14.36 cm になったとする。最後の数値「6」は 1 mm の目盛りの間をおおよそ読み取ったもので「5」か「7」かもしれないし，ひょっとすると「4」か「8」かもしれない（よく 1 mm の目盛りの間を正確に読み取ろうとしていることがあるが，時間の無駄である)。それ以下の桁の数値はわからないのでこの「6」までが「意味のある」数値であり，最初の 10 cm の桁の「1」からの 4 桁が有効数字の桁数である。この「14.36 cm」は「誤差が 0.01 cm 程度である」ということを表現している。もし 14.4 cm の目盛に一致していると，「14.4 cm」と書けば，「誤差が 0.1 cm 程度である」を意味するので，「14.40 cm」と書く。

次にこの「14.36 cm」を正確に 10 倍した長さを考えよう。この場合誤差も 10 倍になり 0.1 cm 程度になるので「143.6 cm」になる。つまり有効数字の桁数 4 桁は変わらないので，「測定値に正確な数値をかけても有効数字の桁数は変わらない」として誤差を含めた計算をする。これが有効数字の計算の基本である。しかし，実はこれは正確ではない。「14.36 cm」の正確に 0.5 倍の長さを考えよう。有効数字の桁数は変わらないとすると「7.180 cm」になり，「誤差は 0.001 cm 程度である」という書き方になるが，誤差も 0.5 倍になるので誤差は 0.005 cm 程度であるので，誤差が 5 分の 1 になった表し方になってしまう。このように有効数字の考え方は「正確でなくても簡便に」というものであるので規則に従って計算することだけを守ってほしい。

規則は

① かけ算と割り算では結果の有効数字の桁数はかけ算，割り算をする数値の有効数字の桁数の少ない方の桁数にする

② 足し算と引き算では足し算引き算する数値の両方とも数値がある桁までを有効数字とする。

例えば $a=4.872$，$b=3.215$，$c=3.090$ のとき，$ab-ac$ の値を計算してみよう。まず a，b，c がすべて 4 桁の有効数字で与えられてるからといって，電卓で計算して 4 桁の数値 0.6090 としてはならない。必ずそれぞれのかけ算などに順次①あるいは②の規則を適用して有効数字を決めていく。この場合

$$
\begin{aligned}
ab-ac &= 4.872\times3.215-4.872\times3.090 \\
&= 15.66-15.05 = 0.61
\end{aligned}
$$

となる。最初のかけ算で①を，次の引き算で②を用いた結果，有効数字は 2 桁である。

有効数字が簡便であるが正確ではないことは，同じ結果を $ab-ac=a(b-c)$ と変形して計算してみるとわかる。

$$
\begin{aligned}
a(b-c) &= 4.872\times(3.215-3.090) \\
&= 4.872\times0.125 = 0.609
\end{aligned}
$$

となり，最初の引き算で②を，次のかけ算で①を用いた結果，有効数字は 3 桁になる。

これは上の計算では誤差が過大評価され，下の計算では過小評価されたためであり，有効数字という簡便法を使った結果として生じるあいまいさによるものであって，どちらも正しいとして規則①と②を使っていてよい。このあいまいさが，有効数字がわかりにくい原因であるが，簡便法なので気軽に使って慣れてほしい。（厳密に理解したい人は誤差論を勉強してほしい）

有効数字で注意すべきことに，数値の間に関係がある場合がある。例としては原子量の計算があり，2 つの同位体種の mol 質量を M_1，M_2 とし，存在割合を a_1，a_2 とすると原子量 M は

$$
M = M_1\times a_1+M_2\times a_2
$$

となるが，a_1 と a_2 の間には，$a_1+a_2=1$ の関係があるので，有効数字の計算では a_2 を消去し

$$
M = M_1\times a_1+M_2\times(1-a_1)=(M_1-M_2)\times a_1+M_2
$$

として計算しなければならない。ホウ素を例にとると，

ホウ素の安定同位体には ^{10}B と ^{11}B があり，それぞれの質量は M_1=10.0129 g mol^{-1}，M_2=11.0093 g mol^{-1} である（もっと精度よく求められているが，計算に関係がないので有効数字 6 桁とした）。また，存在比は ^{10}B が 19.9%，^{11}B が 80.1% である。上の式では

$$M = 10.0129\ \mathrm{g\ mol^{-1}} \times 0.199 + 11.0093\ \mathrm{g\ mol^{-1}} \times 0.801$$
$$= 1.99\ \mathrm{g\ mol^{-1}} + 8.82\ \mathrm{g\ mol^{-1}} = 10.81\ \mathrm{g\ mol^{-1}}$$

となるが，下の式では

$$M = (10.0129\ \mathrm{g\ mol^{-1}} - 11.0093\ \mathrm{g\ mol^{-1}}) \times 0.199 + 11.0093\ \mathrm{g\ mol^{-1}}$$
$$= -0.9964\ \mathrm{g\ mol^{-1}} \times 0.199 + 11.0093\ \mathrm{g\ mol^{-1}}$$
$$= -0.198\ \mathrm{g\ mol^{-1}} + 11.0093\ \mathrm{g\ mol^{-1}}$$
$$= 10.811\ \mathrm{g\ mol^{-1}}$$

となり，この場合には下の有効数字が正しい。どちらの計算でも規則①と②は守られていることを確認してほしい。難しいように感じるかもしれないが，正しい計算式がわからないときには，下のような方法がある。

規則①と②だけでは決まらない例として，関数を含む場合の有効数字の計算がある。a=1.682 のとき，ln a の有効数字は何桁になるか考えてみよう。この場合には a=1.682 のときと，最後の数字に 1 を加えた（減らしてもよい）a=1.683 のときの両方の計算をして差を考える。

a=1.682　・・・　ln$a$=0.51998
a=1.683　・・・　ln$a$=0.52058　　差=0.0006

差は 0.0001 よりも 0.001 に近いので，小数点以下 3 桁までにして 0.520 とすればよい。

この方法はどんな複雑な式にでも使うことができ，式に何個かの有効数字で示された数値がある場合には，それぞれについてその 1 つの数値だけを変化させて差を計算し，差の絶対値を加えたもので有効数字を決めればよい。また，数値の間に関係がある場合には関係を満足するように変化させればよい。

ホウ素の原子量の計算を例にとると，まずそれぞれあたえられた数値を使い

$$M = 10.0129\ \mathrm{g\ mol^{-1}} \times 0.199 + 11.0093\ \mathrm{g\ mol^{-1}} \times 0.801$$
$$= 1.99257\ \mathrm{g\ mol^{-1}} + 8.81845\ \mathrm{g\ mol^{-1}}$$
$$= 10.81102\ \mathrm{g\ mol^{-1}}$$

と計算する。ただし，有効数字に関係なく桁数は多めに計算しておく。次に存在比の最後の桁の数値を 1 変化させ，同じ計算を行う。ここで，存在比の合計は 1 になるようにする。

$$M = 10.0129\ \mathrm{g\ mol^{-1}} \times 0.200 + 11.0093\ \mathrm{g\ mol^{-1}} \times 0.800$$
$$= 2.00258\ \mathrm{g\ mol^{-1}} + 8.80744\ \mathrm{g\ mol^{-1}}$$
$$= 10.81324\ \mathrm{g\ mol^{-1}}$$

差は 0.00222 g mol^{-1} であるので小数点以下 3 桁目までが有効数字となり，結果は 10.811 g mol^{-1} である。M_1 と M_2 についてもそれぞれ数値を変えて計算する必要があるが，例えば M_1 では

$$M = 10.0130\ \mathrm{g\ mol^{-1}} \times 0.199 + 11.0093\ \mathrm{g\ mol^{-1}} \times 0.801$$
$$= 1.99259\ \mathrm{g\ mol^{-1}} + 8.81845\ \mathrm{g\ mol^{-1}}$$
$$= 10.81104\ \mathrm{g\ mol^{-1}}$$

となり，差は存在比の計算の場合に比べてずっと小さく 0.00002 g mol^{-1} しかないので有効数字には関係しない。同様に M_2 も関係しない。

章末問題解答

1 章

1)

(a) ^{129}Xe 原子：　陽子数（54）中性子数（75）電子数（54）

(b) ^{186}W 原子：　陽子数（74）中性子数（112）電子数（74）

(c) $^{57}Fe^{3+}$ イオン：　陽子数（26）中性子数（31）電子数（23）

(d) $^{81}Br^{-}$ イオン：　陽子数（35）中性子数（46）電子数（36）

2) (a) $^{85}Rb^{+}$　(b) $^{136}Ba^{2+}$

3) クーロン力によるエネルギーは式（1-2）で $Z=1$，$r=10^{-10}$ m として -2.3×10^{-18} J となる。原子核の中での陽子と陽子の反発のエネルギーは式（1-2）で $Z=1$，$r=10^{-15}$ m として符号を変えると 2.3×10^{-13} J となる。原子核内の陽子と陽子の反発はこのような大きなエネルギーをもっているが，結果として原子核が壊れないで存在しているので，原子核にはこのエネルギーを打ち消すだけの核力による引力があることになる。エネルギーは大きさに反比例し，原子核のエネルギーは原子のエネルギー 10^5 倍ほどと考えられる。

4) (a)　クロロホルムの分子量は

$12.01+1.008+3\times35.45=119.37$

$119.37\times1.66\times10^{-27}$ kg $=1.98\times10^{-25}$ kg

あるいは 119.37 g mol$^{-1}\div6.02\times10^{23}$ mol^{-1}

$=1.98\times10^{-22}$ g $=1.98\times10^{-25}$ kg

(b)　密度＝質量／体積だから質量＝密度×体積

1.49 g cm$^{-3}\times500$ cm$^3=745$ g。上で求めたクロロホルムの分子量 119.37 g mol^{-1} より，745 g $\div$ 119.37 g mol$^{-1}=6.24$ mol

(c)　それぞれの原子の原子番号から，クロロホルム 1 分子中には，$6+1+3\times17=58$ 個の陽子が存在する。

500 cm^3 の中には 6.24 mol のクロロホルムがあり，1 mol には 6.02×10^{23} mol^{-1} の分子があるので，

58×6.24 mol $\times6.02\times10^{23}$ mol$^{-1}=2.18\times10^{26}$ 個

5) (a)　C_2H_5OH の分子量は

$12.01\times2+1.008\times6+16.00=46.07$

体積は，4 mol の質量 46.07 g mol$^{-1}\times4.00$ mol $=184$ g を密度で割る。

184 g $\div0.785$ g cm$^{-3}=234$ cm^3

（単位は g／(gcm^{-3})＝1／cm^{-3}＝cm^3）

(b)　C_2H_5OH 分子 1 個中の電子は $6\times2+1\times6+8=26$。

4 mol 中の分子数は

4 mol $\times6.02\times10^{23}$ mol$^{-1}=24.1\times10^{23}=2.41\times10^{24}$。

電子の個数は分子 1 個中の電子数に分子数をかけて $26\times2.41\times10^{24}=62.7\times10^{24}=6.27\times10^{25}$ 個

6) ^{107}Ag の存在割合を x とすると，^{109}Ag の存在割合は（$1-x$）

Ag の原子量 107.868 は

106.905 u $\times x+108.905$ u $\times(1-x)=107.868$ u

の式から計算されることになる。x を求めると

$(106.905$ u -108.905 u$)x=107.868$ u -108.905 u

$-2.000\,x=-1.037$　　$x=0.5185$ となるので

^{107}Ag の存在割合は 51.85 %

7) もう 1 つの同位体の質量を x u とすると

68.926 u $\times0.601+x$ u $\times0.399=69.7$ u

x u $\times0.399=69.7$ u -68.926 u $\times0.601$

x u $=(69.7$ u -68.926 u $\times0.601)\div0.399$

$=(69.7$ u -41.4 u$)\div0.399=28.3$ u $\div0.399=70.9$ u

8) 原子量はそれぞれの同位体の質量に存在割合をかけて加えることによって求められる。同位体（核種）の質量は精密に測定できるので，もし安定同位体が 1 種類しかなければ，同位体の質量と同じ精度で原子量が求められる。しかし，2 種類以上の安定同位体が存在する元素では存在割合の精度が低いので原子量の精度も悪くなる。有効数字が 10 桁程度の元素は安定同位体が 1 種類しかない元素である。

9) ため息を 0.2 L と仮定する。地球の表面積は約 5 億 km^2 であり，大気の厚みはどの高さでも 1 atm とすると約 10 km である。気体 1 mol は 22.4 L だから，ため息は 0.2 L $\div22.4$ L mol$^{-1}=0.009$ mol であり，分子数は 0.009 mol $\times6.02\times10^{23}$ mol$^{-1}=5\times10^{21}$ 個。大気の体積は 5×10^8 km$^2\times10$ km $=5\times10^9$ $(1000$ m$)^3=5\times10^{18}$ m$^3=5\times10^{21}$ L となるので，$5\times10^{21}\div5\times10^{21}$ L $=1$ L^{-1} となり，平均 1 個の分子が存在することになる。

この計算でアボガドロ数がいかに大きな数値であるか，純物質といっても分子レベルで考えると必ず不純物を含んでいること，などを理解してほしい。

10) (a)　フッ化アルミニウムの式量は

$26.98+3\times 19.00=83.98$

密度は1molの質量 $83.98\,\mathrm{gmol^{-1}}$ を1molの体積で割って

$83.98\,\mathrm{g\,mol^{-1}}\div 27.4\,\mathrm{cm^3\,mol^{-1}}=3.07\,\mathrm{g\,cm^{-3}}$

(b)　密度＝質量／体積だから体積＝質量÷密度。

$2.50\,\mathrm{kg}=2500\,\mathrm{g}$，だから $2500\,\mathrm{g}\div 3.07\,\mathrm{g\,cm^{-3}}=814\,\mathrm{cm^3}$

2 章

1)　$3.00\times 10^8\,\mathrm{ms^{-1}}/1.50\times 10^6\,\mathrm{s^{-1}}=300\,\mathrm{m}/1.50=200\,\mathrm{m}$

2) 波長は光速／振動数だからこの発光の波長 $\lambda=c/\nu=3.00\times 10^8\,\mathrm{ms^{-1}}\div 5.00\times 10^{15}\,\mathrm{s^{-1}}=0.600\times 10^{-7}\,\mathrm{m}=0.600\times 10^2\times 10^{-9}\,\mathrm{m}=\underline{60.0\,\mathrm{nm}}$。この発光の光子1個のエネルギーはプランク定数 h×振動数 ν より，$h\nu=6.63\times 10^{-34}\,\mathrm{Js}\times 5.00\times 10^{15}\,\mathrm{s^{-1}}=33.2\times 10^{-19}\,\mathrm{J}=\underline{3.32\times 10^{-18}\,\mathrm{J}}$。

3) 緑色　$500\,\mathrm{nm}=500\times 10^{-9}\,\mathrm{m}=5.00\times 10^{-7}\,\mathrm{m}$

振動数　$\nu=3.00\times 10^8\,\mathrm{m\,s^{-1}}\div 5.00\times 10^{-7}\,\mathrm{m}$

$=0.600\times 10^{15}\,\mathrm{s^{-1}}=6.00\times 10^{14}\,\mathrm{s^{-1}}$

波数　$\tilde{\nu}=1\div 5.00\times 10^{-5}\,\mathrm{cm}=0.200\times 10^5\,\mathrm{cm^{-1}}$

$=20000\,\mathrm{cm^{-1}}$

4) 振動数は光速／波長だからこの発光の振動数 ν は $\nu=c/\lambda=3.00\times 10^8\,\mathrm{ms^{-1}}\div 20.0\times 10^{-9}\,\mathrm{m}=\underline{1.50\times 10^{16}\,\mathrm{s^{-1}}}$

この発光の光子1個のエネルギーはプランク定数 h×振動数 ν より，

$h\nu=6.63\times 10^{-34}\,\mathrm{Js}\times 1.50\times 10^{16}\,\mathrm{s^{-1}}=\underline{9.95\times 10^{-18}\,\mathrm{J}}$

5) 光子のエネルギーは $E=h\nu$ より振動数に比例する。振動数が5倍になれば波長は1/5になるので $6.00\,\mu\mathrm{m}\div 5=1.20\,\mu\mathrm{m}=1.20\times 10^{-6}\,\mathrm{m}$

$=1.20\times 10^3\times 10^{-9}\mathrm{m}=1200\,\mathrm{nm}$

6) $\lambda=h/mv$ より

$v=h/m\lambda=6.63\times 10^{-34}\,\mathrm{Js}/(9.11\times 10^{-31}\,\mathrm{kg}\times 100.0\,\mathrm{nm})$

$=6.63\div 9.11\times 10^{-34}/(10^{-31}\times 10^2\times 10^{-9})\,\mathrm{kgm^2s^{-2}s/(kg\times m)}$

$=0.728\times 10^4\,\mathrm{ms^{-1}}=7280\,\mathrm{ms^{-1}}$

7) 質量は粒子1個の質量だから酸素原子O1個の質量を求める。酸素原子Oの質量 $m=16.00\,\mathrm{u}=16.00\times 1.66\times 10^{-27}\,\mathrm{kg}=2.66\times 10^{-26}\,\mathrm{kg}$，ドブロイ波長 $\lambda=h/(mv)$ だから，速さは $v=h/(m\lambda)$ で求められる。$\lambda=6.63\,\mathrm{nm}=6.63\times 10^{-9}\,\mathrm{m}$ とプランク定数 h を用いて，$v=h/(m\lambda)=6.63\times 10^{-34}\,\mathrm{Js}\div(2.66\times 10^{-26}\,\mathrm{kg}\times 6.63\times 10^{-9}\,\mathrm{m})=\underline{3.76\,\mathrm{ms^{-1}}}$（単位の計算では $\mathrm{J}=\mathrm{kg\,m^2\,s^{-2}}$）

8) $\lambda=h/(mv)$ より $m=h/(v\lambda)=6.63\times 10^{-34}\,\mathrm{Js}\div(1000\,\mathrm{m\,s^{-1}}\times 0.400\times 10^{-9}\,\mathrm{m})=6.63\times 10^{-34}\,\mathrm{kgm^2\,s^{-1}}\div(0.400\times 10^{-6}\,\mathrm{m^2\,s^{-1}})=16.6\times 10^{-28}\,\mathrm{kg}=1.66\times 10^{-27}\,\mathrm{kg}=1.00\,\mathrm{u}$。中性子1個はあり得ないので陽子1個。つまり水素原子。

9) O_2 の質量は32.0 u。C_{60} の質量は720 u。ドブロイ波長は質量に反比例するので，同じ速さなら O_2 が $720\div 32=22.5$ 倍。O_2 は5分の1の速さで動いているので波長は1/5になり，$22.5\div 5=4.5$。O_2 のドブロイ波長が4.5倍になる。

10) この $2.18\times 10^{-18}\,\mathrm{J}$ は式(2-3)で $n_1=1$，$n_2=\infty$ としたとしたときの値である。つまり $n=1$ の状態と $n=\infty$ の状態のエネルギー差である。図2-6のように許されるエネルギーの間隔は n が増えていくにつれて大きくなり，∞で0になる。エネルギーがとびとびであるのは電子が水素の原子核に捕まっているときなので，$n=\infty$ で電子は自由になり，H^++e となってイオン化がおきたことになる。

11) (a)　①　赤外光（線）

(b)　②　5　　③　9

<u>赤外光</u>領域に現れる $n_1=3$ のパッシェン系列で最も長波長の（右側の）ものは n_2 が n_1 より1だけ大きい4のピーク。左に行くにつれ $n_2=5, 6,$・・・となり，2番目は $\underline{n_2=5}$ で1282 nm，6番目は $\underline{n_2=9}$ で922.9 nm。

12) (a) $\lambda=c/\nu$ より振動数 $\nu=c/\lambda=3.00\times 10^8\,\mathrm{ms^{-1}}\div 97.3\,\mathrm{nm}=3.00\times 10^8\,\mathrm{ms^{-1}}\div 97.3\times 10^{-9}\,\mathrm{m}=3.08\times 10^{15}\,\mathrm{s^{-1}}$。

波数 $\tilde{\nu}$ は1 cmの波の数だから，波長をcm単位にして，逆数を計算すればよい。

$\tilde{\nu}=1/\lambda=1\div 97.3\,\mathrm{nm}=1\div 97.3\times 10^{-9}\,\mathrm{m}=1\div 97.3\times 10^{-7}\times 10^{-2}\mathrm{m}=1\div 97.3\times 10^{-7}\,\mathrm{cm}=1.03\times 10^5\,\mathrm{cm^{-1}}$（波長で割っているので単位に−1乗がつく）。

(b)　紫外線（可視光の範囲400 nm〜700 nmより波長が短い）

(c)　光子1個のエネルギーは $E=h\nu$ より

$E=6.63\times 10^{-34}\,\mathrm{Js}\times 3.08\times 10^{15}\,\mathrm{s^{-1}}=2.04\times 10^{-18}\,\mathrm{J}$

(d)　(c)で得られたのエネルギー差から

$2.18\times 10^{-18}\,\mathrm{J}\times(1/n_2{}^2-1/n_1{}^2)=2.04\times 10^{-18}\,\mathrm{J}$。これより，両辺の単位Jは消え，$(1/n_2{}^2-1/n_1{}^2)=2.04$

$\times 10^{-18}$ J $\div 2.18 \times 10^{-18}$ J $=0.936$ となる。n_1 と n_2 は正の整数であり，n_1 から n_2 に移ったのだから，$n_1 > n_2$ である。もし $n_2 > 1$ なら $(1/n_2^2 - 1/n_1^2) < 0.25$ になるので $n_2 = 1$ でなければならない。

$1/n_1^2 = 1/1^2 - 0.936 = 0.064$。$n_1^2 = 15.6$。

n_1 は整数だからもっとも近い整数として $n_1 = 4$ が考えられる（計算を正確にしないと値が変わる）。

13)

(a) B の発光　$n_1=4$,　$n_2=12$

(b) C の発光　$n_1=4$,　$n_2=7$

(c) D の発光　$n_1=3$　$n_2=4$

1 つの系列では右にいくほど幅が広がるので，異なる系列の発光は D である。B と C の発光の n_1 は A と同じ $n_1=4$ となる n_2 は波長が短くなるほど大きくなるので，A から順に数えていくと決まる。D の両側の $(1/n_1^2 - 1/n_2^2)$ は 0.0502 と 0.0469 だから，D の $(1/n_1^2 - 1/n_2^2)$ はこの間にくる。n_1 が 2 はずっと左，n_1 が 5 以上はずっと右なので，n_1 は 3 であり，n_2 が 4 のとき $(1/n_1^2 - 1/n_2^2)$ は 0.0486 と範囲内になる。

14) 確率が最大の場所は 2 乗した値が最大であり，これは絶対値が最大の場所である。見いだせない場所は波動関数が 0 の場所。これらのことから下図の場所。

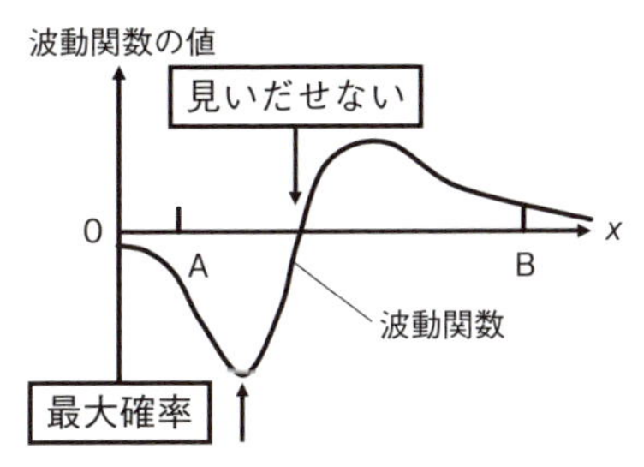

15) (a) 波動関数をグラフにすると，右上の図のようになる。$x=a/5$, $2a/5$, $3a/5$, $4a/5$ の 4 ヶ所 0 になり，ここが節だから $n=5$ である。n は節の数より 1 多い（$n=1$ では節はない）。

(b) 波動関数の絶対値が極大になるところで存在確率が極大だから，右上の図より，$x=a/10$, $3a/10$, $5a/10$, $7a/10$, $9a/10$ の 5 ヶ所。

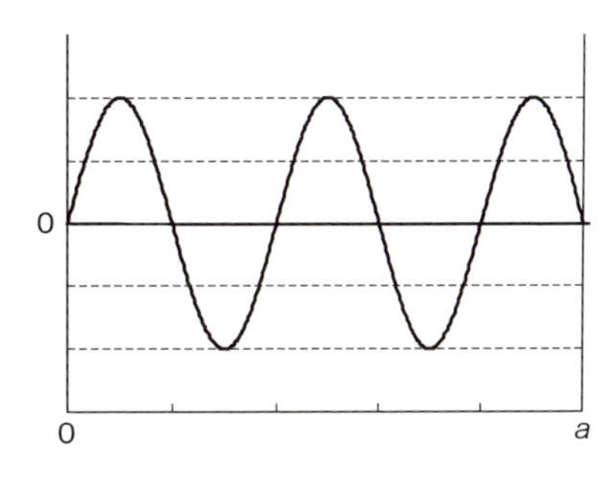

16) 質量は $m = \dfrac{0.018\ \text{kg mol}^{-1}}{6.02 \times 10^{23}\ \text{mol}^{-1}} = 2.99 \times 10^{-26}$ kg だから，$h^2/8ma^2 = 7.35 \times 10^{-38}$ J となる。

これに $2^2+6^2+7^2=89$ をかけて，7.35×10^{-38} J $\times 89 = 6.54 \times 10^{-36}$ J

3 章

1) 節の数の合計は $n-1$ より 4p 軌道で 3，6f 軌道で 5。一方，p 軌道と f 軌道の中心を通る面の節の数はそれぞれ 1 と 3 だから，合計の節数からこれらを引いて，球面の節の数は 4p 軌道で 2，6f 軌道も 2。

2) 原子量は原子番号におおよそ比例して大きくなるが，図 3-8 に見られるように原子番号が大きくなると原子核の大きな電荷によって電子が引きつけられて，原子半径はあまり変化しない。1 mol の原子で考えたとき，重さは原子番号に比例して大きくなるが体積はあまり変わらないことになる。このため原子番号の大きな金属は重く（比率が大きく）なる。

3) (a) 同じ周期では原子番号が大きいほど小さく，次の周期に移ると大きくなることを考えると，大きなものから並べて

Ca → Mg → B → N → F

(b) すべて第二周期の元素である。原子番号が大きくなるとイオン化エネルギーも大きくなるが，Be と N が例外的に大きいことを思い出して大きなものから並べると

Ne → F → N → O → C

(c) 17 族ハロゲンが大きく，16 族が次に大きいことを思い出して大きなものから

Cl → O → Na

4)

(a) 原子は左下にいくほど大きく，陽イオンになると半分程度になり電荷が大きくなるほど小さくなることから，大きなものから並べると

Rb → K → Fe → Fe^{2+} → Fe^{3+}

(b) すべて第3周期の元素である。原子番号が大きくなるとイオン化エネルギーも大きくなるが，MgとPが例外的に大きいことを思い出して大きなものから並べると

Cl → P → S → Mg → Al

5) (a) $Be \rightarrow Be^+ + e \rightarrow Be^{2+} + 2e$，より必要なエネルギーは

$900\ kJmol^{-1} + 1757\ kJmol^{-1} = 2657\ kJmol^{-1}$

$2000\ kJ \div 2657\ kJmol^{-1} = 0.7527\ mol$

(b) 原子番号4のBeの最後の電子は第4イオン化で除かれ，原子番号1のHではイオン化で1個しかない電子が除かれる。原子番号の2乗に比例するので，$21000\ kJmol^{-1} \div 4^2 = 1312.5\ kJmol^{-1}$

6) ケイ素もバリウムも典型元素。

ケイ素は原子番号14より，$1s^2 2s^2 2p^6 3s^2 3p^2$

バリウムは原子番号56より

$1s^2 2s^2 2p^6 3s^2 3p^6 4s^2 3d^{10} 4p^6 5s^2 4d^{10} 5p^6 6s^2$

原子価殻は，ケイ素が $n=3$，バリウムが $n=6$ だから

Si　3s ↑↓　3p ↑　↑　＿

Ba　6s ↑↓　6p ＿　＿　＿

7) 金は原子番号79であり最外殻の6s軌道に1個だから

Au：$1s^2 2s^2 2p^6 3s^2 3p^6 4s^2 3d^{10} 4p^6 5s^2 4d^{10} 5p^6 6s^1 4f^{14} 5d^{10}$

銀は原子番号47であり銀は最外殻の5s軌道に1個だから

Ag：$1s^2 2s^2 2p^6 3s^2 3p^6 4s^2 3d^{10} 4p^6 5s^1 4d^{10}$

8) 4p軌道は合計3つの節をもち，p軌道だからそのうち1つが中心を通る節である。球面の節は2つになる。波動関数の符合は節を越えると＋と－が逆になるので，結局右の図のようになる。符号は＋と－をすべて入れ替えてもよい。

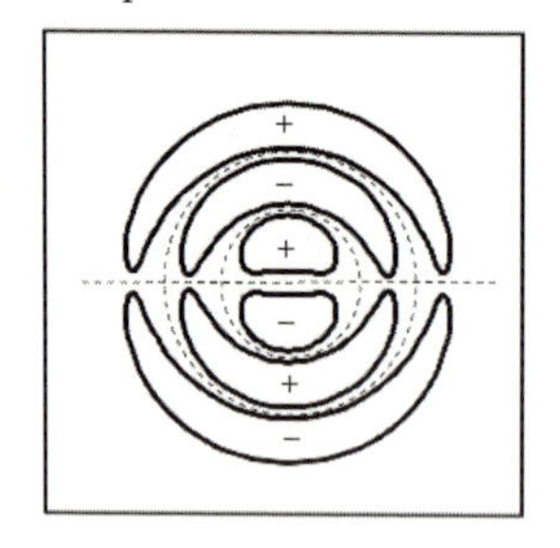

9) HとHe^+ではHが大きい。同じ電子数1で核電荷がHe（+2）よりH（+1）が小さいため。H^-とHeではH^-が大きい。同じ電子数2で核電荷がHe（+2）よりH（+1）が小さいため。Heは結合を作らないため通常の原子半径の値はないが，大きさとしてはこのように考えられる。

10) Na^+からNa^{4+}ができる経路は，$Na^+ \rightarrow Na^{2+}$，$Na^{2+} \rightarrow Na^{3+}$，$Na^{3+} \rightarrow Na^{4+}$である。このためには第2，第3，第4イオン化エネルギーが必要だから，$(4565+6912+9540)\ kJmol^{-1} = 21017\ kJmol^{-1}$。これは1 molに対するエネルギーだから1個のイオンではアボガドロ定数で割って

$21017\ kJmol^{-1} \div 6.02 \times 10^{23}\ mol^{-1} = 3.49 \times 10^{-17}\ J$

11) N_2分子のイオン化エネルギーをxとすると，エネルギー関係は下図のようになる。$x = 941\ kJmol^{-1} + 1402\ kJmol^{-1} - 842\ kJmol^{-1} = 1501\ kJmol^{-1}$。

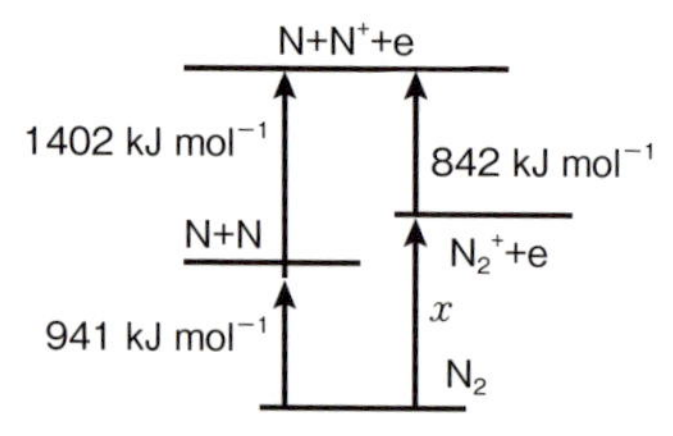

12) 第2周期では2sと2p軌道に電子が加わっていく。これらの電子から見たとき，原子核の周りには常に1s電子2個しかいないので，原子番号が増えて原子核の＋電荷が増えるに従って，2s，2pの電子は強く原子核に引き付けられ，イオン化エネルギーは大きくなる。しかし，2s電子は2p電子よりもエネルギーが低く除きにくいので，BよりBeがイオン化エネルギーが大きくなり，また，2pに半分（3個）詰まったNは安定で次のOより大きくなり，二箇所で不規則になる。

13) (a) 周期が小さく，原子番号が大きいものが小さいのでF

(b) 周期が大きく，原子番号が小さいものが大きいのでMg

(c) 周期が大きく，原子番号が小さいものが小さいのでMg

(d) 周期が小さく，原子番号が大きいものが大きいのでFが最大で2番目はN（SはOより小さく，Oは例外的にNより小さい）

(e) ハロゲンはFだけだからFが最大

(f) 15族が価電子数が5だからN

4章

1)

a) NO_2^+

価電子数の合計は，5+6+6−1=16電子

ルイス構造を描く手順4まで，進める。

中心原子のオクテットを満たすために両端の酸素

原子の孤立電子を窒素原子との多重結合とする。このとき酸素原子の形式電荷が0になるのは窒素原子と4電子を共有（二重結合）したときである。両端の酸素の形式電荷が0になるように中央の窒素原子と2重結合を作ることで中央の窒素原子はオクテットを満たす。また，この時，中央の窒素原子に形式的に所属する電子は4電子となるため窒素原子は＋1となる。

$[\ \mathrm{O::N::O}\ ]^{+}$

6 4 6

b）OCN^-

価電子数の合計は，6＋4＋5＋1＝16電子

ルイス構造を描く手順4まで，進める。

中心原子のオクテットを満たすために両端の酸素原子の孤立電子を窒素原子との多重結合とする。このとき酸素原子の形式電荷が1になるのは炭素原子と6電子を共有（三重結合）したときである。また，右の窒素の形式電荷が−2となるのは，炭素原子と2電子を共有（単結合）したときである。また，この時，中央の炭素原子に形式的に所属する電子は4電子となるため炭素原子の電荷は0となる。

$[\ \mathrm{O:::C:N}\ ]^{-}$

5 4 7

c）N_3^-

$[\ \mathrm{N:N:::N}\ ]^{-}$

7 4 5

3つの窒素原子が単結合と三重結合でつながっている。単結合は，2つの原子間で2つの電子を共有しているので，各原子に割り当てられる電子数は1電子ずつとなる。三重結合は，2つの原子間で6つの電子を共有しているので，各原子に割り当てられる電子数は3電子ずつとなる。したがって，左の窒素の電子は7個　中央の窒素原子は4電子，右の窒素原子は，5電子となる。しがって，形式電荷は左から

−2，＋1，0となる。

2)（a）CCl_4の価電子数の合計は4＋7×4＝32。価電子を結合に配置して（下の［手順2］），残りの電子24個で周りのCl原子のオクテットを完成させると（［手順3］）価電子はなくなる。中心のC原子もオクテットが完成しているのでこれがルイス構造式。

中心のC原子の周りには4組の電子対があるので構造は正四面体型であり，正四面体型の各C−Cl結合の極性は打ち消しあうので極性分子ではない。

［手順2］　［手順3］

Cl　:Cl:

Cl:C:Cl　:Cl:C:Cl:

Cl　:Cl:

（b）AsH_3の価電子数の合計は5＋1×3＝8。価電子を結合に配置すると（［手順2］），周りのH原子のオクテットも完成している。残りの2個の価電子を中心原子のAsに配置すると（［手順4］）Asのオクテットもちょうど完成しているのでこれがルイス構造式。

中心のAs原子の周りには4組の電子対があるので構造は正四面体型であるが，1つが非共有電子対であるので三角ピラミッド構造になる。例題4-10のNH_3と同じ構造だからAsとH原子3個の作る正三角形の中心を通る軸上に極性のベクトルがくる極性分子である。

［手順2］　［手順4］

H:As:H　H:As:H

H　H

（c）BCl_3の価電子数の合計は3＋7×3＝24。価電子を結合に配置して（［手順2］），残りの電子18個で周りのCl原子のオクテットを完成させると（［手順3］）価電子はなくなる。中心のB原子のオクテットは完成していないが，B原子は例外としてオクテットを完成させなくてよいのでこれがルイス構造式。

中心のB原子の周りには3組の電子対があるので構造は正三角形型であり，正三角形型の各B−Cl結合の極性は打ち消しあうので極性分子ではない。

［手順2］　［手順3］

Cl:B:Cl　:Cl:B:Cl:

Cl　:Cl:

（d）$TeCl_4$の価電子数の合計は6＋7×4＝34。価電子を結合に配置して（［手順2］），残りの電子26個で周りのCl原子のオクテットを完成させると（［手順3］）価電子は2個余るので，この2個を中心の

Te 原子に配置する（[手順 4]）。Te 原子の周りにはオクテットより多い 10 個の価電子があるので何もする必要がなく，これがルイス構造式。

中心の Te 原子の周りには 5 組の電子対があるので構造は三方両錐体型であるが，1 つが非共有電子対であり，これは上下の結合ではなく正三角形の結合の位置にくるので下の図の構造になる。上下の Te−Cl 結合の極性は向きが逆なので打ち消しあうが，正三角形の Cl−Te−Cl の部分は折れ曲がっているので図のように極性が残り，極性分子となる。

[手順 2]　[手順 3]　[手順 4]　[構造]

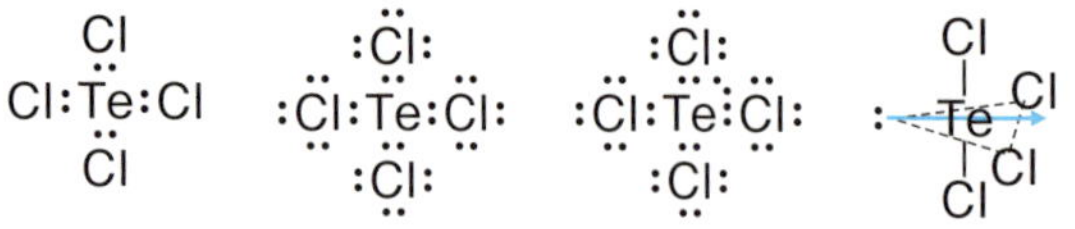

3) (a) Xe の価電子は 8 個だから XeF_4 の価電子数の合計は 8+7×4=36。価電子を結合に配置して（[手順 2]），残りの電子 28 個で周りの F 原子のオクテットを完成させると（[手順 3]）価電子は 4 個余るので，この 4 個を 2 組の電子対として中心の Xe 原子に配置する（[手順 4]）。Xe 原子の周りにはオクテットより多い 12 個の価電子があるので何もする必要がなく，これがルイス構造式。

中心の Xe 原子の周りには 6 組の電子対があるので構造は正八面体型であるが，2 つが孤立電子対であり，これは互いに反対の位置に入るので下の図の正方形型の構造（平面構造）になる。2 組の対角線上の Xe−F 結合の極性は向きが逆なのでそれぞれ打ち消しあい，分子全体では極性がなくなり，非極性分子となる。

[手順 2]　[手順 3]　[手順 4]　[構造]

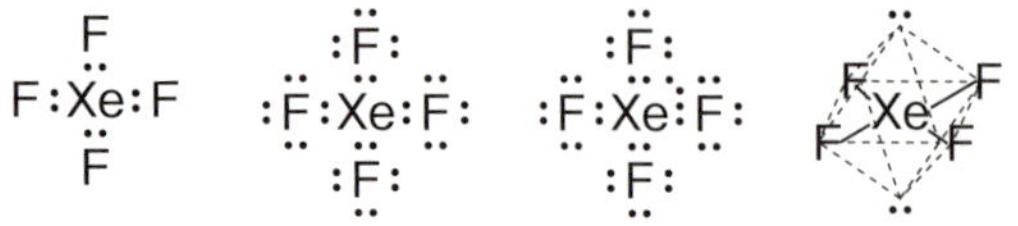

(b) CO_3^{2-} の価電子数の合計は 4+6×3+2=24。2 価の陰イオンであるので電子数に 2 を加えた。価電子を結合に配置し，残りの電子 18 個で周りの O 原子のオクテットを完成させると価電子はちょうどなくなる（[手順 3]）。手順 4 は必要でなく，手順 5 で中心 C 原子のオクテットを完成させるとき，3 つの O 原子のどれから移すかによって 3 通りのルイス構造が得られる。この 3 つの構造の間で共鳴がおきる（下図）。ここでイオンであることが [　]$^{2-}$ で示されている。

中心の C 原子の周りには 3 組の電子対があるので構造は正三角形型である。正三角形の頂点に向かう各結合の極性ベクトルは合計すると 0 になるので，イオン全体では極性がなくなり，非極性となる。

[手順 3]

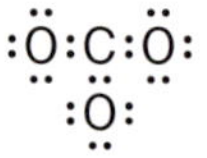

[共鳴構造]

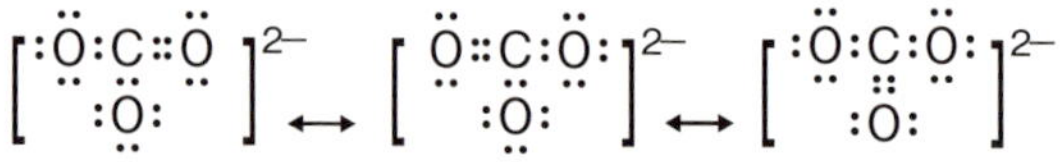

(c) ClF_3 の価電子数の合計は 7+7×3=28。価電子を結合に配置して，残りの電子 22 個で周りの F 原子のオクテットを完成させると（[手順 3]）価電子は 4 個余るので，2 組みの電子対として中心の Cl 原子に配置する（[手順 4]）。Cl 原子の周りにはオクテットより多い 10 個の価電子があるので何もする必要がなく，これがルイス構造式。

中心の Cl 原子の周りには 5 組の電子対があるので構造は三方両錐体型であるが，2 つが非共有電子対で，これは上下の結合ではなく正三角形の結合の位置にくる（下の図）。上下の Cl−F 結合の極性は向きが逆なので打ち消しあうが，正三角形の位置に 1 つの Cl−F 結合が残り，図のように極性分子となる。

[手順 3]　[手順 4]　[構造]

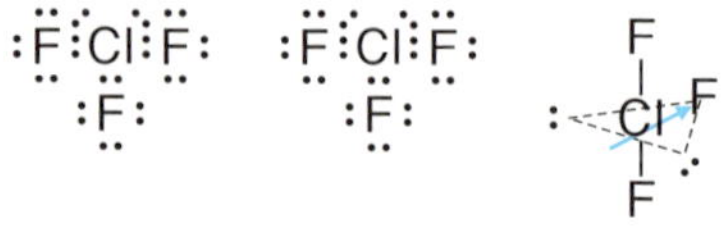

4) エタノール CH_3CH_2OH の CH_3 の価電子数は 4+1×3=7 であるが，C−C 結合は単結合であるから 1 個だけ配置する（もう 1 個は CH_2 から供給される）。あとは通常の手順 2〜5 に従う。CH_2 の価電子数は 4+1×2=6 であるが，C−C 結合と C−O 結合は単結合であるからそれぞれ 1 個だけ配置する（もう 1 個はそれぞれ CH_2 と OH から供給される）。あとは通常の手順 2〜5 に従う。OH も同様に価電

子数は6+1×1=7であるが，単結合のC−O結合に1個だけ配置し，手順2〜5を行う。以上の配置の結果，CH_3CH_2OH のルイス構造式は下のようになる。

CH_3 のC，CH_2 のC，OHのO原子の周りにはすべて4組の電子対があり，すべて正四面体型の構造であることがわかる。全体の構造はこの3個の正四面体が重なった構造になるが，C−C結合とC−O結合は2つの正四面体の結合に共通であり，これが重なるような構造になる。ただし，CH_3 部分などはC−C軸の回りに回転でき，化学結合よりももっと弱い力まで考えないと構造は完全に決まらないが，ここではこの話には立ち入らない。

[立体構造]

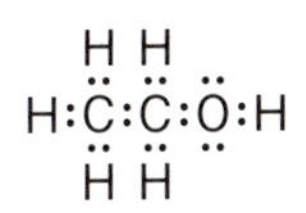
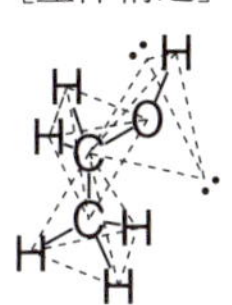

5) アセトアルデヒド CH_3CHO の CH_3 の価電子数は4+1×3=7であるが，C−C結合は単結合であるから1個だけ配置する（もう1個はCHOから供給される）。あとは通常の手順2〜5を行う。CHOの価電子数は4+1+6=11であるが，C−C結合は単結合であるから1個だけ配置して手順2〜5を行う。以上の結果，CH_3CHO のルイス構造式は下のようになる。

CH_3 のC原子の周りには4組の電子対があり，正四面体型の構造であることがわかる。一方，CHOのC原子の周りの電子対は3組であり（二重結合も一組であることを思い出してほしい），この部分は正三角形であることがわかる。全体の構造はこの正四面体と正三角形が重なった構造になるが，C−C結合は正四面体と正三角形の結合に共通であり，これが重なるような構造になる。CH_3 部分はC−C軸の回りに回転できることを忘れてはならない。なお，O原子の周りの電子対も3組だから，周りのC原子と2つの非共有電子対も正三角形型になる。

［ルイス構造］　［立体構造］

H H
H:C:C::O
H

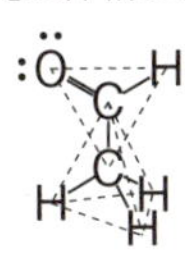

6) ペプチド結合−NHCO−のNHCO部分の価電子数は5+1+4+6=16であるが問題4と5と同様に左右への結合に1個の電子を配置しておく。残りは14個であるが2個をN−H結合の共有電子対に用いると，C原子を中心原子として手順3が終わったところで価電子を使いきって下のようになる。ここでは両側から結合に供給された電子，各1個も含めて示しているので，全体で18個の電子がある。C原子のオクテットが完成していないので，手順5でオクテットを完成させる必要があるが，ところがここでNとOどちらの原子から電子を結合に移すかによって2通りのルイス構造式ができる。この2つの構造の間で共鳴がおきている。

［手順3］　［ルイス構造式−共鳴構造］

··· :N:C: ···　　··· :N:C: ···　↔　··· :N::C: ···
:O:　　:O:　　:O:

7) 分子の形が正三角形となるには基本型も正三角形である必要がある。このとき中心原子の価電子対は3組であり，オクテット則から二重結合が必要になるが，ハロゲンは一般に二重結合をつくらない。そこで例としてはオクテット則の例外のホウ素Bがある。BCl_3 は価電子対が3組の正三角形となる。

分子の形が三角錐となるには基本型は正四面体である必要がある。このとき中心原子の価電子対は4組であり，電子8個からハロゲンの価電子3個を引いて価電子5の原子，つまり15族であればよい，例は PCl_3 がある。

分子の形がT字型となるには基本型は三方両錐体である必要がある。このとき中心原子の価電子対は5組であり，電子10個からハロゲンの価電子3個を引いて価電子7の原子，つまり17族のハロゲンである。また中心の原子は，オクテットを超える10電子をもつことになるのでd軌道を使える大きな原子でなければならない。したがって，例として $BrCl_3$ が適当である。FCl_3 は，d軌道を使うことができないので存在しない。

8)

（ルイス構造式）

FもClも価電子7のハロゲン原子であるためルイス式は，問題3)（a）XeF_4 の2つのF原子をCl原子2つに置き換えたものと一緒である。したがって，分子の立体構造はXeの中心にもち頂点にF原子を持つ平面四角形をもつ XeF_4 のうちの，2つのF原子がCl原子に置き換わったものを考えればよい。

その場合，**構造式A**：F—Xe—Clが直線に並んだものが2つできる場合と**構造式B**：F—Xe—FとCl—Xe—Clが，それぞれ直線に並んだ構造が考えられる。

これらの，直線にならんだ3つの原子で極性を考える場合，両端のハロゲン同士で綱引きをしているイメージをするとよいだろう。

つまり，綱を引っ張る力が同じ（電気陰性度が同じ）原子同士であれば，力が拮抗して綱はどちらにも引っ張られない（電子は偏らない）。そのため，F同士，Cl同士で引っ張り合う場合は，それぞれの力を打ち消しあうため，構造式Bでは極性を生じない

一方，F—Xe—Clが直線に並んだ場合は，FのほうがClよりも電気陰性度が大きいため，綱（電子）がF側に引き寄せられるため構造式Aでは極性が生じる。

[構造式A]

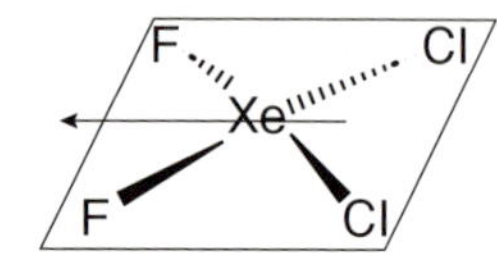

[構造式B]

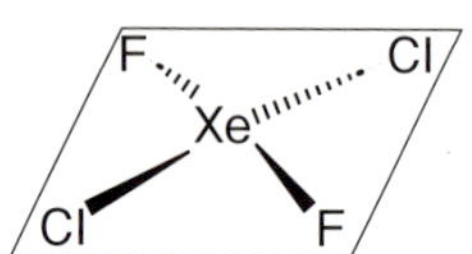

5 章

1) それぞれの形から混成軌道がわかる。(a) XeF_4 は正八面体構造であるから sp^3d^2 混成軌道，向かい合った2つの軌道は非共有電子対で占められる。(b) CO_3^{2-} は正三角形構造であるから sp^2 混成軌道，共鳴構造をもつので残ったp軌道は非局在性軌道を形成している（5-2を参考にせよ）。(c) ClF_3 は三方両錐体構造であるから sp^3d 混成軌道である。ただし正三角形になっている2つの軌道は非共有電子対で占められる。

2) (a) ジメチルエーテル $\underline{C}H_3\underline{O}CH_3$ のルイス構造式は右のようになる。Cの周りの電子は4組だから混成は sp^3。Oの周りの電子も4組だから混成は sp^3。

(b) アセトアルデヒド $\underline{C}H_3\underline{C}HO$ のルイス構造式は右のようになる。左のCの周りの電子は4組だから混成は sp^3。右のCの周りの電子は3組だから混成は sp^2。

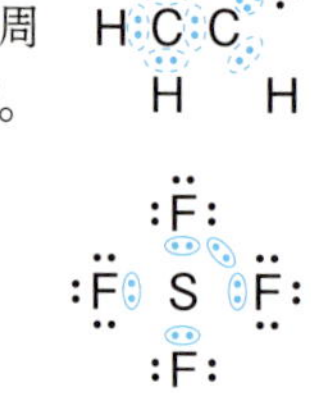

(c) 四フッ化硫黄 $\underline{S}F_4$ のルイス構造式は右のようになる。Sのの周りの電子は5組だから混成は sp^3d。

(d) 二酸化炭素 $\underline{C}\ \underline{O}_2$ のルイス構造式は4-4節（2）で説明したIのようになる。Cの周りの電子は2組だから混成はsp。Oの周りの電子は3組だから混成は sp^2。

(e) 安息香酸 $\underline{C}_6H_5\underline{C}OOH$ はベンゼン環にカルボキシ基がついたものであり，カルボキシ基のルイス構造式は右のようになる。左のCはベンゼン環のCだから混成は sp^2。右のCの混成もCの周りの電子は3組だから sp^2。

3) (a) アレンの全価電子数は $4\times3+1\times4=16$ であり，4本のCH結合と2本のCC結合に各2個，合計12個の電子を配置すると4個残り，これを2本のCC間に配置して2重結合にするとすべての原子でオクテットが完成する（下図）。その結果，VSEPR理論から左右のC原子の結合はほぼ正三角形の形になり，これは sp^2 混成である。中央のC原子の結合は左右に伸びた直線構造になり，sp混成になっていることがわかる。

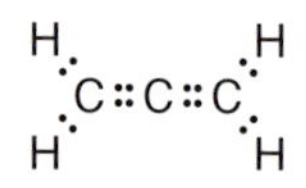

(b) 右の図はアレンを横から見た図で，右側のH原子は2個が手前と奥で重なっている（奥にもう1個H原子がある）。4本のCH結合はC原子の sp^2 混成軌道と水素の1s軌道の重なりで，2本のCC結合はC原子の sp^2 とsp混成軌道間の重なりで，σ結合を作る。CH結合は単結合である。それに加えてCC結合では，sp^2 混成軌道に加わらない2p軌道の電子雲が図のように右側では上下で，左側では手前と奥で重なり，π結合ができる。CC結合はどちらもσ結合1つとπ結合1つで二重結

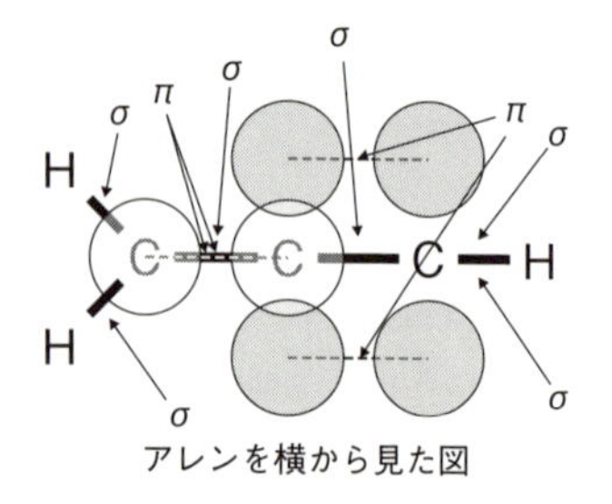

アレンを横から見た図

合になる（上下の一組，手前と奥の一組でそれぞれπ結合が1本）。2p 軌道の重なり方が 90 度ねじれているため，H 原子の結合方向も図のように 90 度ねじれることになる。

4) 4 章章末問題 6 の解答の共鳴構造の左側では，N: sp^3，C: sp^2，O: sp^2，右側では，N: sp^2，C: sp^2，O:sp^3，の混成軌道になることが，原子の周りの電子対の組の数からわかる（二重結合も 1 組と数える）。

二重結合では結合している原子の結合はすべて 1 つの平面に含まれるので，左側では N，C，O，および C に結合している原子が平面上に存在する。右側では N，H，C，O，および N，C それぞれに結合している原子，つまりペプチド結合の全体が平面になる。

5) 図 5-14 から，結合性軌道にある電子数は 10 個，反結合性軌道にある電子数は 8 個であることがわかる。結合性軌道にある電子数から反結合性軌道にある電子数を引いて 2 で割ると結合次数だから $(10-8)\div2=1$。よって単結合である。ここで 1s，2s 軌道はそれぞれ結合性軌道と反結合性軌道がキャンセルするので，1s 軌道を無視して $(8-6)\div2=1$ としても，1s，2s 軌道を無視して $(6-4)\div2=1$ としてもよい。

6) NO 分子の全電子数は $7+8=15$ であり，右の図のようになって結合性軌道に 10 個，反結合性軌道に 5 個で結合次数は $(10-5)\div2=2.5$ である。σ_{1s}，σ_{1s}^* は省略した。ここで π_{2p} と σ_{2p} のエネルギーの高さは N_2 と O_2 で逆転するので NO ではどちらが上かわからないが，どちらの軌道も電子 2 個で占められているので結合次数には関係しない。図では σ_{2p} のエネルギーが高いものとして描いてある。

7) CN の全電子数は C 原子の 6 個と N 原子の 7 個を加えて 13 個であり，N_2^+ イオンの全電子数も N_2 の全電子数 14 個から 1 個少なくなっているので 13 個である。原子核の電荷も C は +6，N は +7 と近いので，CN では +6 と +7 の原子核に，N_2^+ では +7 と +7 の原子核に 13 個の電子を加えることになり，分子軌道の様子に大きな違いはないと考えられる。分子軌道には図のように電子が入っていく。σ_{1s}，σ_{1s}^* は省略した。CN も N_2^+ も結合性軌道に 9 個の電子が入り，反結合性軌道に 4 個の電子が入る。その結果結合次数は $(9-4)\div2=2.5$ になるなど，電子数が同じであるため電子の分子軌道への入り方も同じになり，近い性質をもつ。この他，C_2^- も全電子数が 13 個になり性質が近いことがわかっている。

8) (a) 図より分子軌道は σ^*_{2p}，合計の節の数は 3。

(b) σ_{1s} の分子軌道は右のようになり，

合計の節の数は 0。

(c) 図より分子軌道は π^*_{2p}，合計の節の数は 2。

(d) σ_{2p} の分子軌道は右のようになり，

合計の節の数は 2。

9) 軸に垂直な面の節をもつ軌道は σ^*_{1s}（下の図左）であり，軸を含む面の節をもつものは π_{2p}（下の図右）。

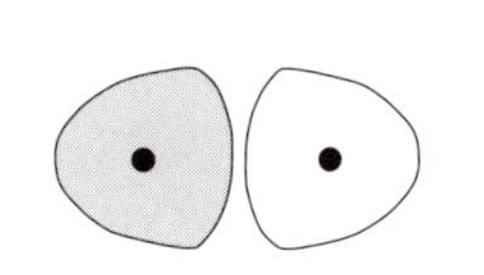

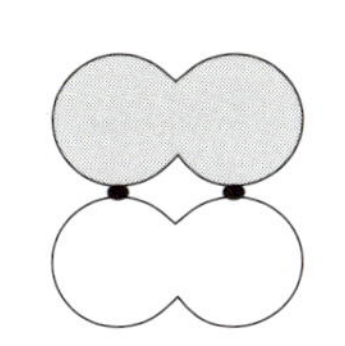

10) SO_3 分子のルイス構造式を描くと，全価電子数は $6+6\times3=24$ であるので，各 SO 結合に 6 個，周りの O 原子 3 個のオクテットを完成させるのに $6\times3=18$ でちょうどになる。しかしこれでは中心の S 原子のオクテットに 2 個不足しているのでどこかを 2 重結合にする必要がある。どの SO 結合を二重結合にしてもよいのでルイス構造は共鳴構造になる。これは分子軌道では S と O 原子の p 軌道が加わり結合の両側（右図では紙面の前後）に電子雲ができることになる。この電子雲は分子軌道を考えるとそれぞれの結合に偏ったものではなく，分子全体，すべての

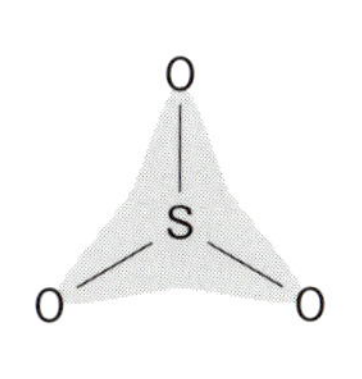

SO 結合に広がって，すべて同じ結合になるので長さも同じ。この結果，1 つの π 結合が各結合に分けられて 1/3 になり，結合次数は 4/3 程度と考えられる。

11) 分子軌道で考えると，N，C，O がすべて sp^2 の混成軌道をもつと考え，余った 3 つの 2p 軌道（紙面に垂直）が加わって右の図のように N，C，O の 3 原子に広がった非局在性分子軌道を形成すると考える。その結果，N—C 結合も C—O 結合も結合次数 1.5 程度の結合となる。

6 章

1) 第 2 周期の元素と第 3 周期の元素の大きな違いは，第 3 周期の元素の単体では多重結合をつくれないことである。これは第 3 周期の元素の原子半径が大きく，π 結合を作るために必要な p 軌道の重なりが十分大きくならないためである。リン P は価電子が 5 個，硫黄 S は 6 個であるためそれぞれ最低 3 個と 2 個の結合を作る必要がある。第 3 周期であるため多重結合をつくれないので第 2 周期の窒素 N や酸素 O のように 2 原子で単体をつくることができない。リンは正四面体の頂点に 4 個の P 原子が位置し，残りの 3 個と単結合した黄リン P_4 に代表されるような単体になり，硫黄では 8 個の S 原子がリング状になりそれぞれが隣の原子と単結合した S_8 に代表されるような単体になる。

2) グラファイト中の C 原子は sp^2 混成をとり，σ 結合により平面正三角形の頂点方向への結合が次々とのびていった蜂の巣（ハニカム）構造の平面シートができ，混成しない 2p 軌道が集まって非局在分子軌道を形成する。この平面状シートは重なって緩く結合する。薄くはがれやすく，非局在分子軌道中の電子は自由に動けるので電気を通す（導電性がある）。一方ダイヤモンド中の C は sp^3 混成をとり，4 本の σ 結合が炭素を中心にして正四面体の頂点にのび，次々と正四面体構造が重なった立体的結晶を作る。熱をよく伝えるが，価電子はすべて結合電子としてそれぞれの結合に固定されており，動けないので導電性はない。

3) 水素原子のエネルギー準位が上にいくほど間隔が狭くなることから，Xe や Kr のように周期が大きくなると，p 軌道とその上の s 軌道や d，f 軌道との間隔が狭くなり，結合を形成することで閉殻構造が壊れるようになる。一方，He，Ne，Ar などは p 軌道とその上の s 軌道の間隔が大きく，閉殻構造が安定で壊れることはないため結合をつくることができない。

4) 下のエネルギー図より，格子エネルギーを 900 kJ とすると，(214 kJ + 1140 kJ) − (348 kJ + 900 kJ) = 106 kJ だけ BrCl 分子の方がイオン結晶より安定。900 kJ より小さいとイオン結晶がもっと不安定になり，安定な BrCl 分子を形成する。

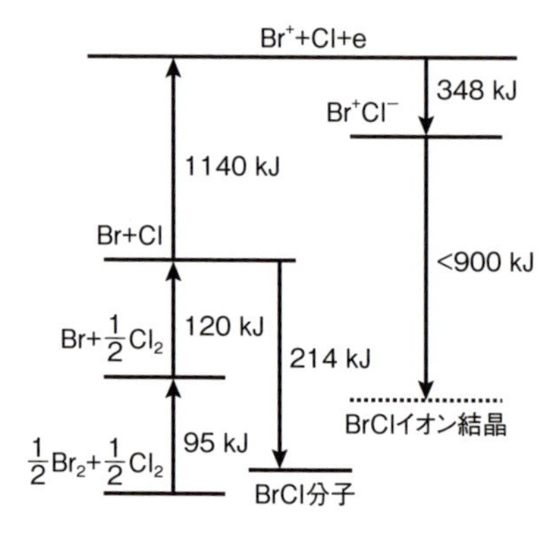

5) K 原子の第 1 イオン化エネルギーを x kJmol^{-1} とするとエネルギー図は下のようになる。左の高さと右の高さは同じにならなければならないので，

$$(x+78+89+567)\,\mathrm{kJmol^{-1}} = (826+328)\,\mathrm{kJmol^{-1}}$$

x を求めると 420 となり，K 原子の第 1 イオン化エネルギーは 420 kJmol^{-1}

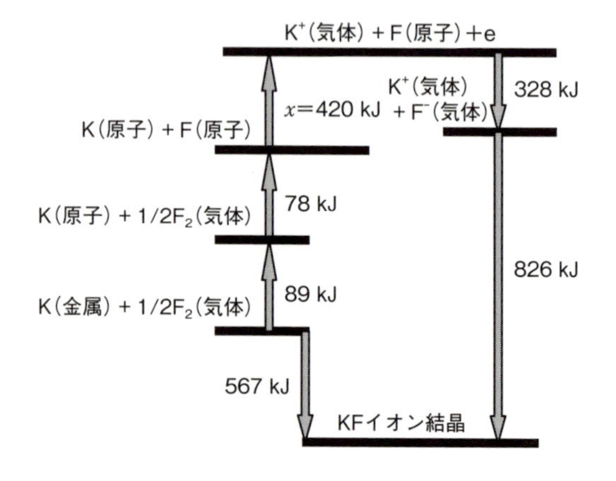

参考・推薦図書

本書で化学結合に対するイメージができた諸君には，もう少し量子論について詳しく述べられている本として

1）小笠原正明・田地川浩人，『化学結合の量子論入門』，三共出版（1994）.
2）松林玄悦，『化学結合の基礎（第 2 版）』，三共出版（1999）.

などがある。1）は分子軌道について詳しく，2）は三中心結合の詳しい説明がある。

将来，専門的に化学結合を勉強しようという場合には，本格的な化学結合の本として

3）藤永　茂，『分子軌道法』，岩波書店（1980）.
4）原田義也，『量子化学』，裳華房（1978，2007）.

などがある。一方，量子力学そのものについての教科書の多くは物理を専攻する学生を対象としたものであるが，例えば

5）小出昭一郎，『量子力学（Ⅰ）改訂版』，裳華房（1990）.

には量子力学の発展の歴史なども書かれており，概要を理解するのに適していると思われる。

熱力学の入門書としては下のものがある。

6）鈴木孝臣，『これならわかる熱力学』，三共出版（2010）.

なお，テキスト中の結合エネルギーなどの数値は主に次の文献から引用した。

7）日本化学会編，『化学便覧 基礎編 改訂 6 版』，丸善出版（2021）.

最後に，尾崎裕，末岡一生，宮前博，見附孝一郎，『基礎物理化学演習（第 2 版）』，三共出版（2013）にも化学結合の問題が含まれていることを紹介しておく。

索　引

あ 行

か 行

さ 行

た　行

な　行

は　行

ま　行

や　行

ら　行

アルファベット

著者紹介

尾﨑（おざき）　裕（やすし）

1982 年　東京大学大学院理学系研究科修了

現　在　城西大学理学部化学科前教授・理学博士

（専門：分子分光学・クラスター化学）

橋本雅司（はしもとまさし）

2003 年　九州大学大学院総合理工学府修了

キヤノン株式会社・研究員を経て

現　在　城西大学理学部化学科教授・博士（工学）

（専門：有機合成化学・構造有機化学）

化学結合入門（かがくけつごうにゅうもん）　―大学の化学基礎（だいがくのかがくきそ）―

2024 年 10 月 20 日　初版第 1 刷発行

著　者　尾　﨑　　裕
　　　　橋　本　雅　司
発行者　秀　島　　功
印刷者　江　曽　政　英

発行所　三 共 出 版 株 式 会 社
郵便番号 101-0051
東京都千代田区神田神保町 3 の 2
振替 00110-9-1065
電話 03-3264-5711　FAX 03-3265-5149
https://www.sankyoshuppan.co.jp/

一般社団法人日本書籍出版協会・一般社団法人自然科学書協会・工学書協会　会員

Printed in Japan　　印刷・製本　理想社

ISBN　978-4-7827-0836-1

原子量表（2024）

原子量 A_r(E) を原子番号順に元素名および元素記号と共に示した。元素の英語名のうちよく使われる aluminium（アルミニウム）と caesium（セシウム）は，aluminum や cesium と表記される場合もある。原子量は，元素により不確かさ付きの単一の値あるいは範囲で示されている。原子量は，統一原子質量単位に対するその原子の平均質量の比として表される。ここで示した不確かさは，通常の物質に対する不確かさであり，測定の不確かさと天然での変動を考慮して示している。この表の備考は，表中の値を超える変動が認められる元素について，その変動の要因（脚注の対応する記号に記載）を示している。14 の元素について，通常の物質中の原子量の変動範囲を［a, b］で示す。この場合，元素 E の原子量 A_r(E) は $a \le A_\mathrm{r}(\mathrm{E}) \le b$ の範囲にある。ある特定の物質に対してより正確な原子量が知りたい場合には，別途求める必要がある。その他の 70 元素については，原子量 A_r(E) とその不確かさを示す。

原子番号	元素記号	元素名	原子量	備考	原子番号	元素記号	元素名	原子量	備考
1	**H**	hydrogen	[1.007 84, 1.008 11]	m	60	**Nd**	neodymium	144.242(3)	g
2	**He**	helium	4.002 602(2)	g r	61	**Pm**	promethium*	—	
3	**Li**	lithium	[6.938, 6.997]	m	62	**Sm**	samarium	150.36(2)	g
4	**Be**	beryllium	9.012 1831(5)		63	**Eu**	europium	151.964(1)	g
5	**B**	boron	[10.806, 10.821]	m	64	**Gd**	gadolinium	157.25(3)	g
6	**C**	carbon	[12.0096, 12.0116]		65	**Tb**	terbium	158.925 354(7)	
7	**N**	nitrogen	[14.006 43, 14.007 28]	m	66	**Dy**	dysprosium	162.500(1)	g
8	**O**	oxygen	[15.999 03, 15.999 77]	m	67	**Ho**	holmium	164.930 329(5)	
9	**F**	fluorine	18.998 403 162(5)		68	**Er**	erbium	167.259(3)	g
10	**Ne**	neon	20.1797(6)	g m	69	**Tm**	thulium	168.934 219(5)	
11	**Na**	sodium	22.989 769 28(2)		70	**Yb**	ytterbium	173.045(10)	g
12	**Mg**	magnesium	[24.304, 24.307]		71	**Lu**	lutetium	174.9668(1)	g
13	**Al**	aluminium	26.981 5384(3)		72	**Hf**	hafnium	178.486(6)	g
14	**Si**	silicon	[28.084, 28.086]		73	**Ta**	tantalum	180.947 88(2)	
15	**P**	phosphorus	30.973 761 998(5)		74	**W**	tungsten	183.84(1)	
16	**S**	sulfur	[32.059, 32.076]		75	**Re**	rhenium	186.207(1)	
17	**Cl**	chlorine	[35.446, 35.457]	m	76	**Os**	osmium	190.23(3)	g
18	**Ar**	argon	[39.792, 39.963]		77	**Ir**	iridium	192.217(2)	
19	**K**	potassium	39.0983(1)		78	**Pt**	platinum	195.084(9)	
20	**Ca**	calcium	40.078(4)	g	79	**Au**	gold	196.966 570(4)	
21	**Sc**	scandium	44.955 907(4)		80	**Hg**	mercury	200.592(3)	
22	**Ti**	titanium	47.867(1)		81	**Tl**	thallium	[204.382, 204.385]	
23	**V**	vanadium	50.9415(1)		82	**Pb**	lead	[206.14, 207.94]	
24	**Cr**	chromium	51.9961(6)		83	**Bi**	bismuth*	208.980 40(1)	
25	**Mn**	manganese	54.938 043(2)		84	**Po**	polonium*	—	
26	**Fe**	iron	55.845(2)		85	**At**	astatine*	—	
27	**Co**	cobalt	58.933 194(3)		86	**Rn**	radon*	—	
28	**Ni**	nickel	58.6934(4)	r	87	**Fr**	francium*	—	
29	**Cu**	copper	63.546(3)	r	88	**Ra**	radium*	—	
30	**Zn**	zinc	65.38(2)	r	89	**Ac**	actinium*	—	
31	**Ga**	gallium	69.723(1)		90	**Th**	thorium*	232.0377(4)	g
32	**Ge**	germanium	72.630(8)		91	**Pa**	protactinium*	231.035 88(1)	
33	**As**	arsenic	74.921 595(6)		92	**U**	uranium*	238.028 91(3)	g m
34	**Se**	selenium	78.971(8)	r	93	**Np**	neptunium*	—	
35	**Br**	bromine	[79.901, 79.907]		94	**Pu**	plutonium*	—	
36	**Kr**	krypton	83.798(2)	g m	95	**Am**	americium*	—	
37	**Rb**	rubidium	85.4678(3)	g	96	**Cm**	curium*	—	
38	**Sr**	strontium	87.62(1)	g r	97	**Bk**	berkelium*	—	
39	**Y**	yttrium	88.905 838(2)		98	**Cf**	californium*	—	
40	**Zr**	zirconium	91.224(2)	g	99	**Es**	einsteinium*	—	
41	**Nb**	niobium	92.906 37(1)		100	**Fm**	fermium*	—	
42	**Mo**	molybdenum	95.95(1)	g	101	**Md**	mendelevium*	—	
43	**Tc**	technetium*	—		102	**No**	nobelium*	—	
44	**Ru**	ruthenium	101.07(2)	g	103	**Lr**	lawrencium*	—	
45	**Rh**	rhodium	102.905 49(2)		104	**Rf**	rutherfordium*	—	
46	**Pd**	palladium	106.42(1)	g	105	**Db**	dubnium*	—	
47	**Ag**	silver	107.8682(2)	g	106	**Sg**	seaborgium*	—	
48	**Cd**	cadmium	112.414(4)	g	107	**Bh**	bohrium*	—	
49	**In**	indium	114.818(1)		108	**Hs**	hassium*	—	
50	**Sn**	tin	118.710(7)	g	109	**Mt**	meitnerium*	—	
51	**Sb**	antimony	121.760(1)	g	110	**Ds**	darmstadtium*	—	
52	**Te**	tellurium	127.60(3)	g	111	**Rg**	roentgenium*	—	
53	**I**	iodine	126.904 47(3)		112	**Cn**	copernicium*	—	
54	**Xe**	xenon	131.293(6)	g m	113	**Nh**	nihonium*	—	
55	**Cs**	caesium	132.905 451 96(6)		114	**Fl**	flerovium*	—	
56	**Ba**	barium	137.327(7)		115	**Mc**	moscovium*	—	
57	**La**	lanthanum	138.905 47(7)	g	116	**Lv**	livermorium*	—	
58	**Ce**	cerium	140.116(1)	g	117	**Ts**	tennessine*	—	
59	**Pr**	praseodymium	140.907 66(1)		118	**Og**	oganesson*	—	

#：不確かさは，（ ）内の数値であらわされ，有効数字の最後の桁に対応する。例えば，Zn（zinc，亜鉛）の場合の 65.38(2) は，65.38±0.02 を意味する。A_r(E) とその不確かさは，通常の物質に与えられたもので，測定の不確かさや原子量が適用可能な天然での変動から評価されている。通常の物質中の原子量は，本表で示された最小値と最大値の範囲に高い確度で収まっている。もし A_r(E) の不確かさが，測定可能な原子量の変動を示す目的には大きすぎる場合，個々の試料の測定によって得られる A_r(E) の不確かさはより小さくなることもある。

*：安定同位体がなく放射性同位体だけがある元素。ただし，Bi，Th，Pa，U の 4 元素は例外で，これらの元素は地球上で固有の同位体組成を示すので，原子量が与えられている。

g：当該元素の同位体組成が通常の物質が示す変動幅を越えるような地質学的なあるいは生物学的な試料が知られている。そのような試料中では当該元素の原子量とこの表の値との差が，表記の不確かさを越えることがある。

m：不詳な，あるいは不適切な同位体分別を受けたために同位体組成が変動した物質が市販品中に見いだされることがある。そのため，当該元素の原子量が表記の値とかなり異なることがある。

r：通常の地球上の物質の同位体組成に変動があるために表記の原子量より精度の良い値を与えることができない。表中の原子量および不確かさは通常の物質に適用されるものとする。

日本化学会，原子量専門委員会の原子量表（2024）より抜粋，引用。

基礎物理定数の値

物理量	記号	数値	単位
真空中の透磁率	μ_0	$1.25663706212(19)\times10^{-6}$	$\mathrm{N\,A^{-2}}$
真空中の光速度*	c	299792458	$\mathrm{m\,s^{-1}}$
真空の誘電率	ε_0	$8.8541878128(13)\times10^{-12}$	$\mathrm{F\,m^{-1}}$
電気素量*	e	$1.602176634\times10^{-19}$	C
プランク定数*	h	6.62607015×10^{-34}	J s
アボガドロ定数*	L, N_{A}	6.02214076×10^{23}	$\mathrm{mol^{-1}}$
電子の質量	m_{e}	$9.1093837015(28)\times10^{-31}$	kg
陽子の質量	m_{p}	$1.67262192369(51)\times10^{-27}$	kg
ファラデー定数	F	$9.648533212...\times10^{4}$	$\mathrm{C\,mol^{-1}}$
ボーア半径	a_0	$5.29177210903(80)\times10^{-11}$	m
リュードベリ定数	R_∞	$1.0973731568160(21)\times10^{7}$	$\mathrm{m^{-1}}$
気体定数	R	8.314462618...	$\mathrm{J\,K^{-1}mol^{-1}}$
ボルツマン定数*	k, k_{B}	1.380649×10^{-23}	$\mathrm{J\,K^{-1}}$
水の三重点*	$T_{\mathrm{tp}}(H_2O)$	273.16	K
セルシウス温度目盛のゼロ点*	T(0℃)	273.15	K
理想気体(1×10^5 Pa,273.15K)のモル体積	V_0	22.71095464...	$\mathrm{L\,mol^{-1}}$

* 定義された正確な値である。

ギリシャ語アルファベット

大文字	小文字	名称	読み	大文字	小文字	名称	読み
Α	α	Alpha	アルファ	Ξ	ξ	Xi	グザイ
Β	β	Beta	ベータ	Ο	ο	Omicron	オミクロン
Γ	γ	Gamma	ガンマ	Π	π	Pi	パイ
Δ	δ	Delta	デルタ	Ρ	ρ	Rho	ロー
Ε	ε	Epsilon	イプシロン	Σ	σ	Sigma	シグマ
Ζ	ζ	Zeta	ゼータ	Τ	τ	Tau	タウ
Η	η	Eta	イータ	Υ	υ	Upsilon	ウプシロン
Θ	θ	Theta	シータ	Φ	ϕ	Phi	ファイ
Ι	ι	Iota	イオタ	Χ	χ	Chi	カイ
Κ	κ	Kappa	カッパ	Ψ	ψ	Psi	プサイ
Λ	λ	Lambda	ラムダ	Ω	ω	Omega	オメガ
Μ	μ	Mu	ミュー				
Ν	ν	Nu	ニュー